高速电驱动履带车辆转向理论

盖江涛 袁 艺 著

国防工业出版社
·北京·

内 容 简 介

　　本书是作者从事履带车辆电驱动技术研究十余年的工作内容提炼，比较系统全面地介绍了高速电驱动履带车辆转向动力学特性、转向系统设计及转向控制。主要聚焦3个方面的研究内容：一是高速履带车辆转向动力学建模、滑移转向特性分析及其试验验证；二是适用于高速电驱履带车辆的功率耦合机构构型设计、电驱系统参数匹配优化及特性分析；三是高速电驱履带车辆转向运动控制。本书可为相关专业技术人员、在校大学生及研究生提供帮助。

图书在版编目(CIP)数据

高速电驱动履带车辆转向理论/盖江涛,袁艺著.
北京:国防工业出版社,2025.1. -- ISBN 978-7-118-13516-9

Ⅰ. U469.6

中国国家版本馆CIP数据核字第2024CU6349号

※

国防工业出版社 出版发行

（北京市海淀区紫竹院南路23号　邮政编码100048）
北京虎彩文化传播有限公司印刷
新华书店经售

*

开本 710×1000　1/16　插页 10　印张 11¼　字数 196 千字
2024年11月第1版第1次印刷　印数 1—1500 册　定价 109.00 元

（本书如有印装错误，我社负责调换）

国防书店：(010)88540777　　书店传真：(010)88540776
发行业务：(010)88540717　　发行传真：(010)88540762

前言

履带车辆与轮式车辆最大的不同在于转向原理,不同于一般轮式车辆的随动转向方式,履带车辆通过其传动系统主动改变两侧履带速度形成速差实现转向,称为主动转向。因此,这也造成履带车辆传动系统更为复杂,在系统方案原理设计、匹配优化、控制策略等技术研究中必须综合考虑车辆转向功能及性能。

履带车辆传动系统大体走过了机械传动、液力机械传动、综合传动3个发展阶段。随着电力电子技术的发展以及节能环保的需求,混合动力技术已成为车辆动力传动系统的发展趋势。采用电驱动技术的履带车辆可以实现无级变速、任意半径无级转向、高加速性,具有再生制动能量回馈。另外,动力传动系统布置灵活,还可为车辆其他系统提供充足的电能供给。履带车辆机动性能的不断提升可能引发车辆的转向安全性问题。另外,车辆行驶过程中履带与地面相互作用,发生滑转滑移,增加了车辆的运动轨迹精确控制的难度。目前,电驱动地面无人平台的快速发展对履带车辆运动轨迹精确控制提出了更高的要求。

综上所述,电驱动是履带车辆传动技术的发展方向;优秀的电驱动系统方案及控制策略是决定履带车辆转向稳定性和控制精确性的关键;通过建立高速履带车辆地面力学模型,进行高速履带车辆转向动力学特性研究,是实现精确稳定控制的基础。

本书是作者从事履带车辆电驱动技术研究十余年的工作内容提炼,内容涵盖了高速电驱动履带车辆转向动力学特性、转向机构设计及转向控制。全书分为8章。第1章介绍了履带车辆电驱动技术发展现状以及高速电驱动履带车辆转向理论研究现状。第2章论述了高速履带车辆瞬态转向动力学模型的建模方法,构建了履带车辆瞬态转向动力学模型。第3章基于履带车辆稳态转向动力学模型,进行了高速履带车辆转向滑转滑移特性分析。第4章结合履带车辆稳态转向动力学模型及传统转向阻力矩的等效计算方法,提出了静态转向阻力系数及动态转向阻力系数两个模型。第5章利用高速履带车辆转向动力学模型进行不同转向工况仿真,根据履带车辆的转向运动现象,将履带车辆的转向运动状态区分为转向稳定可控区域、临界区域以及失控区域,得到了不同车速、不同地面条件的最小理论转向半径。第 6 章根据履带车辆实车试验数据对前面建立的履带车辆转向动力学模型进行了验证,并将前面所计算的转向半径修正系数和转向角速度修正系数与试验结果进行了对比,验证了模型精度。第 7 章提出了高速电驱动履带车辆功率耦合转向机构构型设计方法,定义了转向再生功率机械回流利用率作为构型设计评价指标,并建立了采用功率耦合转向机构的双电机耦合驱动系统的参数匹配优化模型,最后进行了转向再生功率机械回流利用率测试以验证系统构型方案及参数。第 8 章主要进行了高速电驱履带车辆转向控制策略的设计及验证,设计了考虑路面附着极限的驾驶操纵信号与转向控制目标之间的映射规则及自适应滑模转向控制方法,提出了利用转向半径修正系数及转向角速度修正系数对驱动电机转速控制指令进行修正的控制策略。

  本书全面、系统地介绍了高速电驱动履带车辆转向理论,主要聚焦 3 个方面的研究内容:一是高速履带车辆转向动力学建模、滑移转向特性分析及其试验验证;二是功率耦合转向机构构型设计、参数匹配优化及特性分析;三是高速电驱履带车辆转向运动控制。3 个方面的研究内容互相支撑,系统全面地阐述了高速电驱动履带车辆转向理论,这在以往的同类书籍中是不多见的。作者衷心希望通过本书的出版,能对高速履带车辆电驱动技术的发展起到积极的推动作用。受作者水平所限,本书虽多次修改,但谬误在所难免。欢迎专家学者提出批评和修改意见。

  本书是中国北方车辆研究所传动系统技术部和北京理工大学机电复合传动项目组集体智慧的结晶。研究成果一直得到项昌乐院士、毛明院士、李春明院士、周广明首席的指导和支持!承蒙王红岩教授对本书初稿进行评阅并提出宝贵意见,一并表示衷心的感谢。

作 者
2024 年 4 月 30 日

目 录

第 1 章 绪论 ··· 1
  1.1 履带车辆电驱动技术发展现状 ·· 1
  1.2 高速电驱动履带车辆转向理论研究意义 ································· 7
  1.3 高速电驱动履带车辆转向理论研究现状 ································· 9
    1.3.1 双电机耦合驱动系统原理及设计方法 ···························· 9
    1.3.2 履带车辆转向动力学模型及转向动力学特性研究现状 ······ 10
    1.3.3 电驱动车辆转向控制技术研究现状 ······························ 13
    1.3.4 转向性能试验技术研究现状 ·· 14

第 2 章 高速履带车辆转向动力学建模 ····································· 17
  2.1 基本假设及坐标系 ·· 17
    2.1.1 建模基本假设 ·· 17
    2.1.2 模型坐标系 ··· 17
  2.2 履带车辆转向运动学模型 ·· 18
    2.2.1 车辆转向运动学关系 ·· 18
    2.2.2 履带滑动速度及位移 ·· 22
  2.3 履带车辆转向动力学模型 ·· 24
    2.3.1 转向惯性力 ··· 25
    2.3.2 履带—地面相互作用力 ··· 25
    2.3.3 转向牵引力与制动力 ·· 26
    2.3.4 转向驱动力矩与转向阻力矩 ······································· 28
    2.3.5 滚动阻力 ·· 29
    2.3.6 履带车辆转向动力学方程 ·· 29
  2.4 履带车辆转向仿真 ·· 33

2.4.1　不同行驶速度下履带车辆转向仿真 …………………… 33
　　2.4.2　不同方向盘转角下履带车辆转向仿真 …………………… 35
　　2.4.3　不同方向盘转速下履带车辆转向仿真 …………………… 36
2.5　本章小结 …………………………………………………………… 40

第3章　高速履带车辆转向滑转滑移特性分析 …………………………… 42

3.1　履带车辆稳态转向动力学模型 …………………………………… 42
　　3.1.1　稳态转向运动坐标系 ………………………………………… 42
　　3.1.2　稳态转向动力学方程 ………………………………………… 42
3.2　转向运动学参数变化规律分析 …………………………………… 45
　　3.2.1　相对转向极偏移量 …………………………………………… 45
　　3.2.2　两侧履带滑动率 ……………………………………………… 47
　　3.2.3　转向半径修正系数及转向角速度修正系数 ………………… 48
3.3　转向动力学参数变化规律分析 …………………………………… 49
3.4　本章小结 …………………………………………………………… 50

第4章　转向阻力系数模型与修正 ………………………………………… 52

4.1　静态转向阻力系数分析及模型修正 ……………………………… 52
　　4.1.1　静态转向阻力系数模型 ……………………………………… 53
　　4.1.2　静态转向阻力系数计算 ……………………………………… 54
　　4.1.3　静态转向阻力系数影响因素分析 …………………………… 56
　　4.1.4　静态转向阻力系数模型参数修正 …………………………… 57
4.2　动态转向阻力系数分析及模型修正 ……………………………… 60
　　4.2.1　动态转向阻力系数模型 ……………………………………… 61
　　4.2.2　动态转向阻力系数分析计算 ………………………………… 62
　　4.2.3　动态转向阻力系数模型参数修正 …………………………… 64
4.3　本章小结 …………………………………………………………… 65

第5章　高速履带车辆最小理论转向半径分析 …………………………… 67

5.1　高速履带车辆转向运动仿真 ……………………………………… 67
5.2　典型工况运动状态对比分析 ……………………………………… 74

5.2.1　典型稳定可控工况转向特征分析 ·············· 74
　　　5.2.2　典型失稳工况转向特征分析 ················· 74
　　　5.2.3　临界工况转向特征分析 ····················· 79
　5.3　典型转向运动状态判据分析 ························ 81
　　　5.3.1　良好附着地面工况运动参数规律分析 ········· 81
　　　5.3.2　中等附着地面工况运动参数规律分析 ········· 85
　　　5.3.3　低附着地面工况运动参数规律分析 ··········· 88
　　　5.3.4　转向运动状态判据及理论转向半径边界 ······· 92
　5.4　本章小结 ·· 95

第6章　高速履带车辆转向试验 ······························ 97
　6.1　高速履带车辆转向试验 ···························· 97
　6.2　高速履带车辆转向动力学模型验证 ·················· 99
　　　6.2.1　砂土路面履带车辆动力学模型验证 ··········· 99
　　　6.2.2　硬质路面履带车辆动力学模型验证 ··········· 102
　6.3　履带车辆转向特性参数测试方法 ···················· 109
　　　6.3.1　转向半径修正系数 ························· 109
　　　6.3.2　转向角速度修正系数 ······················· 111
　　　6.3.3　转向极偏移量 ····························· 111
　　　6.3.4　履带滑转率 ······························· 113
　6.4　转向运动学参数测试结果 ·························· 114
　6.5　转向动力学参数测试结果 ·························· 116
　6.6　本章小结 ·· 117

第7章　高速电驱动履带车辆功率耦合转向机构设计 ··········· 118
　7.1　高速电驱动履带车辆功率耦合转向机构构型设计 ······ 118
　　　7.1.1　功率耦合转向机构构型设计原则 ············· 118
　　　7.1.2　功率耦合转向机构构型设计评价方法 ········· 120
　　　7.1.3　功率耦合转向机构构型选择 ················· 121
　　　7.1.4　双电机独立驱动与双电机耦合驱动对比分析 ··· 122
　7.2　转向再生功率利用影响规律分析 ···················· 123

  7.2.1 转向再生功率利用影响因素分析 ………………………… 124

  7.2.2 转向再生功率利用参数敏感度分析 ……………………… 126

 7.3 双电机耦合驱动系统参数匹配优化方法 ………………………… 128

  7.3.1 系统性能评价指标 …………………………………………… 128

  7.3.2 系统参数匹配优化模型 …………………………………… 131

  7.3.3 参数优化模型求解 ………………………………………… 133

 7.4 转向再生功率机械回流利用率测试 ……………………………… 136

 7.5 本章小结 …………………………………………………………… 141

第8章 高速电驱动履带车辆转向控制 …………………………………… 142

 8.1 高速电驱动履带车辆转向控制律设计 …………………………… 142

  8.1.1 转向控制目标映射规则 …………………………………… 142

  8.1.2 转向系统解耦及控制算法 ………………………………… 143

  8.1.3 子系统控制律设计 ………………………………………… 145

  8.1.4 系统控制结构 ……………………………………………… 148

  8.1.5 转向控制仿真 ……………………………………………… 149

 8.2 控制器硬件在环转向试验 ………………………………………… 152

  8.2.1 硬件在回路转向试验系统 ………………………………… 152

  8.2.2 硬件在回路转向试验 ……………………………………… 154

 8.3 考虑履带滑转滑移的转向控制指令修正方法 …………………… 155

  8.3.1 转向控制指令修正策略设计 ……………………………… 156

  8.3.2 转向控制指令修正策略仿真 ……………………………… 158

  8.3.3 考虑履带滑转滑移的转向控制试验验证 ………………… 160

 8.4 本章小结 …………………………………………………………… 162

参考文献 …………………………………………………………………… 165

第1章 绪 论

1.1 履带车辆电驱动技术发展现状

当前,能源危机、环境污染已成为世界难题。车辆行业是能源消耗大户,也是造成大气环境污染的重要因素。因此,发展节能环保的混合动力技术已是车辆动力传动系统发展的大势所趋。经过二十多年的发展,汽车电驱动技术已经取得了很好的应用成果。履带车辆与轮式车辆最大的不同在于转向原理。一般轮式车辆是通过前轮偏转一定角度,后轮通过差速器改变转速和转向半径相适应,实现车辆转向,一般称为随动转向。而履带车辆是通过主动改变两侧履带速度形成速差的方法实现转向的,两侧履带的速度决定了转向半径,称为主动转向,这种主动控制履带速度的机构称为转向机构。因此,这也造成履带车辆较轮式车辆传动系统更为复杂,在系统方案原理设计、匹配优化、车辆控制等技术研究中必须综合考虑直驶和转向功能。

传动系统性能的优劣对履带车辆机动性能有着极为重要的影响。履带车辆传动系统大体经过了定轴式机械传动、液力传动(或液力机械传动)、综合传动3个发展阶段。从定轴式机械传动向液力传动发展大约用了40多年,从液力机械传动向综合传动的发展过渡也已经过去了40多年的时间。履带车辆传动发展的主要特点:①机构上从简单逐渐发展到复杂,成为高级的机械技术产品;②从单点啮合的固定轴齿轮传动逐渐发展到多点啮合的行星齿轮传动;③换挡的结合从刚性的结合发展为摩擦结合,使中断动力换挡发展为动力换挡;④操纵装置逐渐由机械式、液压式发展为电液式;⑤传动功率逐渐从小功率发展到 $800 \sim 1200kW$ 的大功率;⑥从分散的各传动部件发展为综合传动装置,具有传递功率、变速、转向、制动和操纵等功能,而且集中所有部件为一体;⑦传动路线从单流传动逐渐发展到双流传动;⑧从有级变速和有级转向逐渐发展为无级变速和无级转向;⑨广泛应用电子控制技术和故障在线诊断技术。

电动车辆能够充分利用各动力源的优势,可以在不降低车辆性能的前提下降低油耗和排放。与传统的机械传动方式相比,采用电驱动技术在提高车辆机动性能方面还有很多优点：可以实现车辆无级变速、任意半径无级转向、高加速性，并且没有机械传动的换挡冲击振动，具有再生制动能量回馈。另外，动力传动系统布置灵活，还可为车辆其他系统提供充足的电能供给。因此，目前从能源危机、环境污染对车辆驱动提出的节能环保要求，现代车辆高机动性指标要求，传动技术更新换代的发展周期等角度来看，发展履带车辆电驱动技术成为重要方向。国内外开展了许多研究工作，过去电驱动技术的研究中在结构型式上主要归类为四种基本方案，如图 1.1 所示。

方案 a：发动机带动发电机发电，向车辆左右侧电动机供电，电动机驱动左右两侧主动轮实现直驶，转向时则通过控制左右两侧的电机产生转速差来实现。

方案 b：发动机带动发电机发电，向直驶牵引电机供电，通过变速机构、侧传动驱动左右两侧主动轮实现直驶，转向时则转向电机驱动汇流排，在输出端形成速差来实现。

方案 c：与方案 b 结构基本相同，主要差别是驱动电机由单个变成左、右两个。

方案 d：前三种方案中，牵引电机的能量均通过发电机提供，方案 d 结构的驱动功率则是由两路并联组成的，一路由发动机提供直接驱动机械结构，另一路通过发动机带动发电机，再提供电能给电机驱动，两路共同驱动车辆行驶。转向时和方案 b、方案 c 结构相同。

四种基本方案中，比较适用的是方案 a 和方案 b。即过去的研究主要集中在双侧电机独立驱动和零差速式电驱动形式。其中，双侧电机独立驱动系统由于结构组成简单，发动机与车辆行驶的运动学和动力学互为解耦，易于实现发动机最优的稳定工况控制。早在 1916 年，法国的"圣沙蒙"电驱动履带车辆和美国 20t 级电动车辆演示样车上都采用了此方案。但由于双侧电机之间没有机械结构连接，转向再生功率和低速侧电机功率都无法通过机械结构传递到高速侧，造成电机的需求功率较大，难以适用于大功率履带车辆。研究认为，双侧电机驱动方案是最简洁的，但要采取措施使车辆转向时内侧履带产生的再生功率能够回流传递到外侧。通过近年来对履带电驱动技术的不断深入研究，方案 a 因其自身传动结构原因，要求每侧电机功率是发动机所能提供功率的约 1.7 倍，对于大功率履带车辆显然是不合适的。如果采用电功率回流的方式，会导致电机需求功率过大。

方案 b 利用汇流行星排及转向零轴，解决了履带车辆转向再生功率循环问题，一定程度上降低了电机的功率要求，但电机功率利用率低、结构复杂，尺寸很难满足车辆布置的尺寸要求。在近段时期内关键部件（主要是电机、电池）技术水平下，方案 a 和方案 b 也均较适用于轻型履带车辆。

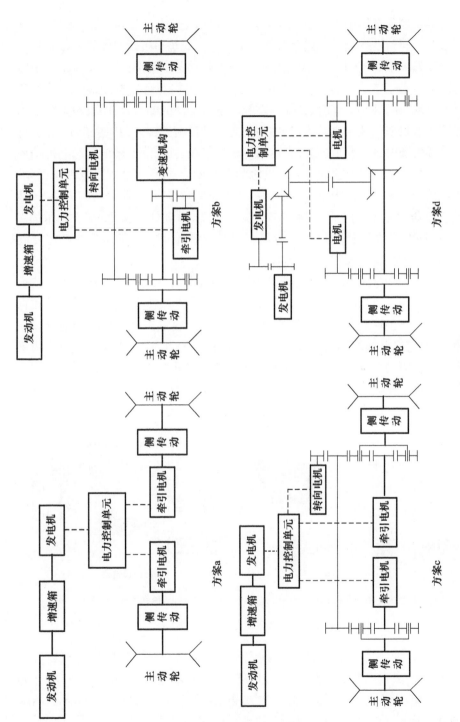

图1.1 传统电驱动的四种基本方案

为满足履带车辆中大功率电驱动发展要求,就必须打破四种基本结构方案思路限制,进行技术创新,研究合适的技术方案。通过对近段时间国内外履带车辆电驱动发展进行梳理,目前重点发展两种电驱动基本类型:一种类型是基于传统的双流传动基本结构形式,主要在直驶路通过电机与行星排的耦合构建混联式机电驱动系统,降低车辆直驶推进系统对电机功率的要求,转向驱动系统采用永磁同步电机取代液压泵马达;另一种是通过设计新型转向功率耦合机构,进行履带车辆传动方案的原理创新,满足履带车辆传动功能,降低转向时对电机功率的要求。目标都是通过机械与多个电机的有机复合,进行复杂的机电耦合,寻求构建最优的中大功率履带车辆电驱动系统。前者如德国 Renk 公司的 REX 传动系统、美国通用公司的专利双模功率分流电驱动,后者如英国 QinetiQ 公司的 E-X-drive电驱动系统等。因此,世界各履带车辆传动技术强国目前都在开展机电耦合驱动技术方案的创新探索。

为满足大功率履带电驱动系统的发展需求,上文所述的第一种类型的技术方案大多采用双流传动型式,转向系统基本采用电机,因此研究的重点应放在直驶部分上。典型代表是德国伦克公司 REX 系统。履带车辆混合驱动基于综合电驱动和机械传动优点的理念,一个普通行星排、两台发电/电动机等构建功率分流式混合驱动系统,安装在发动机与传动装置之间,在各种不同的工况下控制两台电动机工作模式和机械传动装置,实现车辆驱动。其功率分流式混合驱动系统结构及德国伦克公司 REX 系统方案如图 1.2 所示。

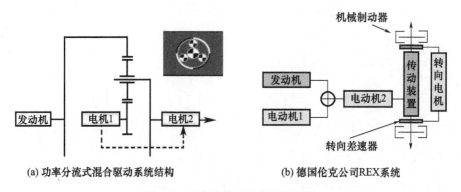

(a) 功率分流式混合驱动系统结构　　(b) 德国伦克公司REX系统

图 1.2　功率分流式混合驱动系统

系统仍然要配置多挡的机械变速箱,鉴于此混合驱动技术方案,还可以考虑通过发动机、多台电机及多排行星排构建电力无级传动(Electrically-Variable Transmission,EVT)技术方案。此类技术方案在汽车领域早已开展研究,从资料来看,此种方案中,通用汽车在该方面有较多研究,申请专利达几十项。图 1.3 是一个从部件转速特性来看较为合理的技术方案简图，图 1.4 是 EVT 转速关系图。

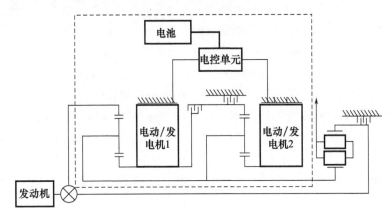

图 1.3　一种 EVT 技术方案简图

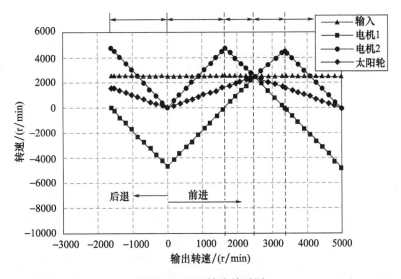

图 1.4　EVT 转速关系图

方案特点：①集成了机械驱动和电机驱动的优点，采用行星机构进行功率耦合，可以实现纯电驱动、机电复合驱动、发动机单独驱动，传动效率高；②采用交流永磁同步电动机和发电机，发电机、直驱电机、耦合机构、变速机构和转向电机集成设计，结构紧凑，系统集成程度高；③可根据车辆路面需求控制电机和发电机的转速或转矩，有利于保证发动机处于最佳燃油经济区；④直驶急加速或者路面阻力大时，发动机和电动机共同驱动，有利于提高整车的机动性。同时，由于机械功率参加驱动，还可以减小直驶电动机的功率要求。

但是，由于车辆行驶工况复杂，对推进系统功率密度要求高，传动速比、变矩比都很大，还需要配置大功率的转向系统，导致系统匹配及各项参数优化和选取存在很大的难度，对行星变速机构、电机、综合控制策略都要求很高，系统总体结构十分复杂，因此方案实现还存在着较大的技术难度和风险。

上文所述的另一种履带车辆电驱动系统方案的研究方向是进行履带车辆传动方案的原理创新，通过设计新型转向功率耦合机构，解决履带车辆转向功率循环问题，提高电机功率利用率。如英国 QinetiQ 公司的 E-X-drive 电驱动系统，由两台直驱驱动电机、两台小功率的转向电机、中央的可控差速器以及变速机构等组成，如图1.5所示。通过新型的中央的可控差速器解决了履带车辆转向再生功率循环的问题，能够降低驱动电机的功率要求，但仍存在转向电机。

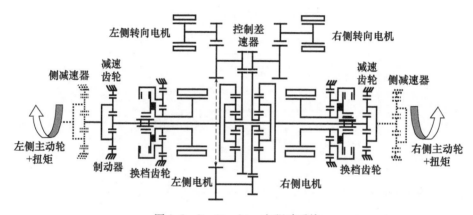

图1.5　E-X-drive电驱动系统

中国北方车辆研究所的研究人员提出了一种新型的双电机耦合驱动的履带车辆电驱动系统。一般由两台电机、一个中央功率耦合机构及变速机构等组成。车辆直驶时，与两侧电机独立驱动原理一样，控制两台电机同速。转向时，通过相应的控制算法控制两台电机的转速，通过两台电机的转速差实现车辆预期的转向目标。在履带车辆内侧履带有再生功率时，通过中央的功率耦合机构将再生功率传递到外侧履带，减少对外侧电机的功率需求。因此，这种传动方案既解决了履带车辆转向的固有问题，又能够很好地实现车辆越野爬坡、正常行驶、转向等功能。同时，能够充分提高电机的利用率，有效提高系统的结构紧凑性，降低机械结构尺寸要求。

综上所述，双电机独立驱动设计简单，并且在轻型履带车辆上取得了一些成功的经验，但是车辆转向时，高速侧电机需要约1.7倍的车辆直驶功率，对电动机性能要求较高，不适宜大功率履带车辆。为此，针对双电机独立驱动的缺点和履带车辆传动的特点，提出新型的车辆电驱动技术解决方案是一个很好的途径，也十分具有创新研究价值。

1.2 高速电驱动履带车辆转向理论研究意义

车辆行驶过程中履带与地面相互作用，发生滑转、滑移，增加了车辆运动轨迹精确控制的难度，而地面无人平台的快速发展对履带车辆运动轨迹精确控制提出了更高的要求。在传统的液力机械综合传动中转向的控制是开环的，无法实现较精确的转向控制。而对于电驱动履带车辆，由于电机优良的调速特性，车辆的精确转向是有条件实现的。为了实现车辆运动轨迹的准确控制，需要建立精确的履带车辆转向动力学模型，并对履带车辆转向过程滑转滑移特性进行量化分析研究，为转向控制策略的制定提供依据。

电驱动系统在履带车辆驱动和转向时可产生无级变化的牵引力，电机具有短时过载能力、零速大扭矩输出能力，使车辆加速能力、原地转向能力、快速转向能力均大幅提高。2001年，美国展示了M113的20t级串联式电传动演示样车，如图1.6所示，其最高车速为96km/h，起步加速至56km/h只需要9s，而列装的最新型装备M113A3（非电驱动）为27s。可以看出，电驱动技术的应用，可大幅提升履带车辆机动性能。

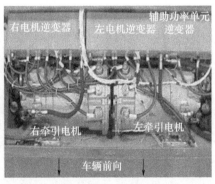

图1.6 基于M113的20t级串联式电传动演示样车

电驱动车辆机动性能的大幅提升，将给行车安全带来极大的隐患。如图1.7所示，美国陆军安全中心对262起坦克侧翻事故原因进行统计，发现以下9项因素为事故主要原因，分别为检修不足（27%）、车速过快（17%）、通信/协调不畅（14%）、夜间行车（13%）、道路狭窄（9%）、地面起伏（8%）、地面引导不当（5%）、跟车过近（3%）及超车不当（3%）。可以看出，高车速非常容易引起坦克车辆侧翻,在所有事故原因中排第二。而且,非道路车辆的行驶环境更加复杂恶劣,行驶过程面临不确定的纵向和横向载荷的强烈扰动,高速转向过程中,车辆质量、重心位置以及转动惯量的时变特性,横向、纵向负载,离心效应,坡道附加扰动,特别是不确定性动态回流功率的耦合作用导致车辆的动力学行为异常复杂,极易出现车辆失稳等危险。

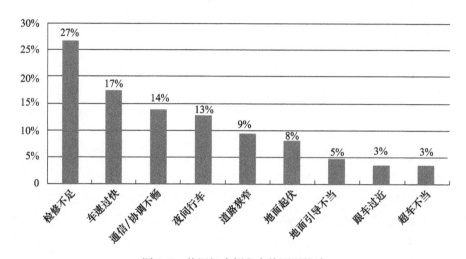

图 1.7 美国坦克侧翻事故原因统计

电驱动系统快速响应特性也直接影响车辆的行驶安全性。对于传统动力传动系统,发动机与传动装置及履带的连接属于机械刚性连接,发动机对指令的响应速度决定了车辆对驾驶操作的响应快慢。而对于机电复合传动系统,驱动电机从直流母线上获取电能,再将其转化为机械能驱动车辆运动,驱动电机对指令的响应速度决定了车辆对驾驶操作的响应快慢。机械系统的响应速度是秒级的,而电气系统的响应速度则是毫秒级的,相较于传统的动力传动系统,机电复合传动系统对驾驶操作的响应是极其快速的。在转向工况下,由于机电复合传动的快速响应,车辆将以很大的横摆角速度转向,产生很大的离心力,极易发生侧滑。另外,高速车辆在紧急避障、超车换道和驾驶员的误转向等转向行驶工况下,其操纵稳定性急剧恶化,尤其是机电复合传动车辆这种对驾驶操作响应极迅速的车辆,仅靠驾驶员操纵是无法保证行车安全的。综上所述,机电复合传动的快速响应特性可能引起直驶工况下的履带过度滑转,侧向附着力减小,以及转向工况下的侧向失稳,直接影响车辆的行驶安全性。

因此,电驱动系统良好的驱动能力及快速响应特性使履带车辆机动性能大幅提升,可能引发车辆的行驶安全性问题。但是,由于电机优良的控制特性及响应快速的特点，机电复合传动系统可以通过调节电机输出力矩实现对车辆运动的较快速、精确的闭环控制，防止车辆运动状态进入非稳定区域。所以，需要对履带车辆的运动稳定性边界进行研究，设计转向控制策略，在边界内充分发挥出机电复合传动系统驱动能力，从而使机动性和安全性这对矛盾得以调和。

综上所述，由于电驱履带车辆精确转向控制及电驱履带车辆转向安全性的需求，传统的履带车辆转向理论亟需发展，需要开展高速履带车辆转向动力学建模、转向动力学特性分析、转向性能试验方法以及高速电驱动履带车辆运动稳定性及轨迹精确控制方法等研究，同时开展双电机耦合驱动构型中关键的功率耦合机构设计方法研究，从而建立起高速电驱动履带车辆转向理论。

1.3　高速电驱动履带车辆转向理论研究现状

本书中高速电驱动履带车辆转向理论主要包括以下方面：功率耦合机构构型设计方法、双电机耦合驱动系统参数匹配优化方法、高速履带车辆转向动力学建模方法、高速履带车辆转向动力学特性分析方法、高速履带车辆转向性能试验方法以及高速电驱动履带车辆转向控制方法。

图 1.8 所示为高速电驱动履带车辆转向理论研究内容关系及其对电驱系统的支撑作用。其中：①功率耦合机构构型设计方法可支撑方案设计阶段的电驱动系统构型方案设计；②双电机耦合驱动系统参数匹配优化方法可支撑系统参数匹配；③高速履带车辆转向动力学建模方法可以为性能仿真预测提供车辆动力学模型，为动力学特性分析提供模型支撑，为转向控制策略设计提供被控对象模型；④高速履带车辆转向动力学特性分析方法可以为系统参数匹配及子系统（部件）设计提供载荷条件，为转向控制策略设计提供被控对象特性及控制参数边界；⑤高速电驱动履带车辆转向控制方法为控制子系统设计提供支撑，为系统性能实时仿真预测提供控制模型；⑥高速履带车辆转向性能试验方法支撑电驱系统/车辆性能试验验证。

本书将针对作者在上述各方向所做的工作进行详细的论述，以下是对各研究方向现状的论述。

1.3.1　双电机耦合驱动系统原理及设计方法

双电机耦合驱动技术属于创新研究，在综合分析各种传动结构形式的基础上，将行星机构与电机有机集成，直驶转向功能模块有效综合，充分有效地发挥机、电综合优势，提出了一种新的适用于履带车辆的双侧电机耦合驱动的传动方

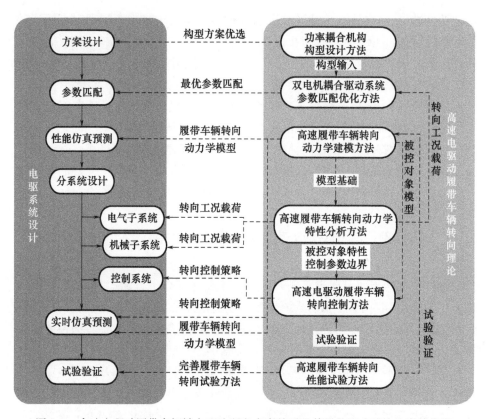

图 1.8　高速电驱动履带车辆转向理论研究内容关系及其对电驱动系统的支撑作用

案。即在双侧电机独立驱动系统中央加入耦合机构,使转向再生功率尽量通过机械方式回流,传递到高速侧,降低电机的功率需求,提高电机在各种行驶工况下的功率利用。因此,对于双侧电机耦合驱动的传动方案,设计一种能够将双侧输入和双侧输出间进行功率耦合的机构是其中的关键。文献[56]以履带车辆双电机耦合驱动现有典型方案的优点合集为目标,根据履带车辆直驶和转向的技术要求,提出了一种带有耦合机构的双电机耦合驱动方案,并推导出了任何满足该方案要求的耦合机构都应具备的数学条件,但还未形成系统的设计分析方法。因此,对于双电机耦合驱动系统原理及系统设计方法,目前没有文献进行阐述。本书将针对履带车辆双电机耦合驱动系统的功率耦合机构构型设计方法、系统运动学动力学特性分析、系统参数匹配优化方法开展具体深入的分析研究。

1.3.2　履带车辆转向动力学模型及转向动力学特性研究现状

履带车辆转向的基本原理,是以不同转速驱动两侧的主动轮,以形成与其啮合的履带的卷绕速度差,并使车体产生两侧行进速度差和回转角速度,从而完成转向。所谓的履带车辆转向理论,是指转向时车辆与地面之间的各类运动学关系、动力学关系及转向约束条件。

转向理论研究最早始于 20 世纪 30 年代。最早考虑履带与地面之间滑移和滑转的研究工作是由英国学者 Steeds 做出的,由于地面与履带之间的复杂作用关系,在没有数字计算机的条件下,他所得出的结果是近似解。20 世纪 60 年代前后,苏联学者对履带车辆转向性能进行了大量的研究工作,主要是在大量简单假设的基础上,从几何学角度对履带车辆转向性能进行静态理论计算,不考虑履带接地段的滑动等因素,得到的公式简单,便于工程应用。德国学者 W. Merhof 和 E. M. Hackbarth 在其著作《履带车辆行驶动力学》中,应用贝克理论对履带车辆转向阻力进行了深入研究,进一步完善了履带车辆转向动力学理论。日本的 Kitano、加拿大的 Wong 等国外学者对履带车辆的转向过程研究做了大量的工作。联邦德国的装甲兵学院针对装甲车辆的传动系统的设计和控制试验开发了一套室内的实验系统"PAISI",该系统可以在室内模拟不同条件直线行驶和转向工况下的道路阻力变化,为履带车辆系统的设计、控制和性能评价技术提供基础条件。

(1) 履带—地面法向力模型研究现状。

由于履带车辆行驶的地面环境十分复杂且具有随机性,其实际的接地压力分布也就很难准确确定。履带接地压力分布形式对转向性能有较大的影响。影响履带接地压力分布的因素有行动部分的结构、履带张紧程度、地面性质及地貌特征、车辆行驶速度等。对履带接地压力的讨论一般基于 Becker 的压力—沉陷理论,在假定履带为不可拉伸的柔性带的基础上,建立了接地压力分布的计算模型,分析了车重、履带宽、负重轮分布等因素对履带接地压力的影响。加拿大学者 Wong 全面考虑了车重、履带结构、履带张紧程度、负重轮个数和空间分布、地面性质等,并设定压力—沉陷关系为非线性关系,建立了履带车辆准静态时接地压力分布的预测模型,提出了一种能够定量分析履带车辆结构设计参数、地面条件对履带接地压力分布规律影响的方法。履带接地压力分布的计算均在稳态直线行驶或静止状态计算,转向过程中履带与土壤相互作用机理更为复杂,转向离心力等因素对履带车辆转向时接地压力的分布有重要影响,特别是高速转向过程,人们一般都以直线行驶时的履带接地压力分布形式作为转向时的接地压力分布的形式进行近似计算。

(2) 履带纵向及横向力模型研究现状。

履带与地面之间横向和纵向作用系数的认识分几个阶段,早期 Becker 假定地面各向同性,即地面的纵向、横向摩擦系数相等且为地面的附着系数,以此为基础讨论了履带滑转与滑移条件下履带车辆的转向特性。英国学者 Steeds 首次考虑了履带与地面之间的滑转和滑移,他假设履带与地面之间是各向同性的摩擦作用,遵守库仑定律,并且摩擦系数在各种半径下保持不变。他讨论了滑动转向时转向的运动学关系,推导出与履带纵向阻力平衡的转向力学方程,同时也给出了考虑履带与地面之间有侧向摩擦作用时转向动力学一般性方程,对于履带作用力的解也是采用试凑法反复迭代得出的,并且没有考虑离心力的影响,计算结果并没有与试验测试结果进行对比,他的理论计算结果显示履带作用力随转向半径有一定的变化。这一结果与后来 Christenson 的研究工作有差异,Christenson 注意到 Merritt 的公式可以利用两侧履带的速度计算转向半径,但是计算得到的履带作用力并不随转向半径变化,他认为如果真实的情况确实如此,将很难通过转向离合器的打滑来控制履带车辆的转向,一旦有足够的履带作用力形成转向力矩的偏差量,履带车辆可以在任何半径下转向,这样就会造成不稳定的转向过程,他在 1958 年的研究成果表明,两侧履带的作用力随转向半径的变化非常明显。他认为转向力随转向半径增大而减小的原因是悬架部件随转向过程产生变形的结果,这些部件包括履带板、衬套、履带销以及负重轮、诱导轮和主动轮等,但是,很明显,悬架部件的变形并不能够充分解释履带作用力随转向半径的变化关系。

日本学者北野昌泽等考虑了履带的横向摩擦系数与履带滑转率的关系,给出了有关的计算表达式,但是,在他的计算公式中,履带在横向的滑动率假设为 100%。依据拖滑试验确定了地面纵向、横向摩擦系数的表达式,研究了地面各向异性条件下履带车辆转向性能。

John Deere 产品工程中心的研究人员认为履带的牵引力和制动力从运动车辆的动力学中得出,他的研究工作考虑到履带侧向滑动引起摩擦系数的变化,这就是与履带作用力传统估计方法的不同之处,传统方法采用的侧向摩擦系数为恒定值。牵引系数的估计采用文献中的拉—滑方程,履带作用力随转向半径增大而减小,可以认为履带的滑动量随速度和转向半径而变化,研究发现,变摩擦系数的概念非常重要,这是预测履带作用力的可行的方法之一,他的计算结果与文献中的试验结果在趋势上具有相当高的一致性。

从 20 世纪 30 年代起,人们就开始了履带车辆的转向技术研究,最早考虑履带与地面之间滑移和滑转的研究工作由英国学者 Steeds 做出,由于地面与履带之间的复杂作用关系,在没有数字计算机的条件下,他所得出的结果是近似解。

20 世纪 60 年代前后,苏联学者对履带车辆转向性能进行了大量的研究工作。主要是在大量简单假设的基础上,从几何学角度对履带车辆转向性能进行静态理论计算,不考虑履带接地段的滑动等因素,得到的公式简单,便于工程应用。但实际上转向过程中必然伴随着履带的滑转和滑移。研究表明,忽略履带滑动求得的转向半径要比实际转向半径小约40%,理论转向阻力矩比实际值大50%以上。

从20世纪80年代开始,国内研究人员对高速履带车辆的转向过程也做了大量的研究工作,但是研究工作基本上是沿袭苏联的研究方法和技术路线,大部分工作都是将履带与地面之间的作用关系简化成复合库伦规律的各向同性或各向异性的摩擦作用,而且不考虑摩擦系数的变化,这使得得到的结果与实际情况差异较大。由于技术条件的限制,也没有进行过较大规模的试验研究工作,因此,在履带车辆的转向理论与试验研究等方面是亟待深入研究的。

1.3.3 电驱动车辆转向控制技术研究现状

对于不同的机电复合驱动方案,其适宜采用的转向控制策略并不完全相同。以双侧电机方案为例,其控制系统如图1.9所示,具体的任务包含两层:①通过动力学控制,将驾驶员的输入指令解释为能够实现其行驶意图的电机操纵信号k_1、k_2(可为电机转矩、转速、功率等);②电机根据针对k_1、k_2所做的调节,通过电机控制,改变其输出转矩T_1、T_2,驱动车辆实现驾驶员的行驶意图。

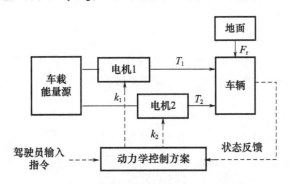

图1.9 电驱动履带车辆转向控制系统

从已有资料看,根据对电机的控制方法不同,主要有两种转向控制策略,一种将k_1、k_2解释为电机的目标转速n_{m1}^*、n_{m2}^*,即要求电机调节其转速以达到目标转速,这种策略称为转速调节控制策略(后文简称为转速控制策略,图1.10);另一种将k_1、k_2解释为电机的目标转矩T_{m1}^*、T_{m2}^*,即要求电机调节其输出转矩能够达到目标转矩,这种策略称为转矩调节控制策略(后文简称为转矩控制策略,图1.11)。

转速控制策略的优点是:①综合控制单元中不必考虑转速闭环如何设计,只

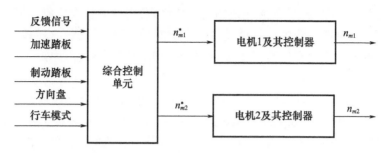

图 1.10 转速调节控制策略结构图

需给电机发送转速指令即可,电机及其控制器会负责调速;②由于电机的调速作用,其输出转矩会根据阻力转矩进行自适应调节,因此车辆的直驶及转向稳定性都较容易得到保证。转速控制策略的缺点是:为了保证电流环的平滑,防止超调保护,有必要对转速指令做平滑处理。而对电机目标转速的平缓给定,必然带来转向响应慢的问题,部分工况下不太容易发挥出电机转矩响应快速这一优点。

转矩控制策略的优点是:①电机无须设计转速闭环,仅保证转矩的响应精度即可,电机的控制更为简单;②驾驶员直接控制电机转矩,控制更加直接,车辆的响应也较快;③可在一定程度上针对两侧的转矩进行协同控制。转矩控制策略的缺点是:①目前的电机目标转矩算法太过简单,对转向负载的适应能力较弱,而整个控制结构中都不包含转速闭环伺服控制,因此车辆的转向准确性和稳定性都难以保证;②对驾驶员的操作要求较高,在越野路面行驶时,驾驶员须频繁操纵以改变电机输出转矩,以适应地面复杂多变的阻力,保证车辆稳定行驶。

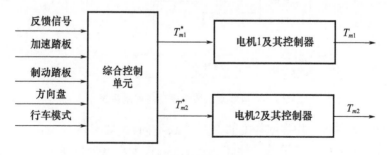

图 1.11 转矩调节控制策略结构图

1.3.4 转向性能试验技术研究现状

2013 年,BAE 系统公司搭建了动力舱集成环境模拟试验台,在模拟试验台内完成了传递功率达到 1100kW 的 E–X–Drive 电驱动装置 3000km 实车工况等效试验,如图 1.12 所示,验证了电驱动装置的动力性能及节油效果。可见,随着电驱动技术研究的深入,开展实车工况的台架模拟试验已成为重要的研究途径。

图 1.12　GCV 集成动力舱

美国坦克车辆研究开发与工程中心(TARDEC)针对 20t 级履带车辆电驱动系统进行了驾驶员及电驱动系统实物在环的机动性台架测试,如图 1.13 所示。该试验台架中由实时仿真机运行履带车辆模型,并将车辆位置、航向、航向变化率等信息传递到驾驶视景模拟系统,驾驶视景模拟系统中有数字化的地形数据及测试跑道数据,驾驶员或自动驾驶系统根据车辆运行轨迹偏差操纵驾驶设备,输出电驱动系统驱动电机控制指令。

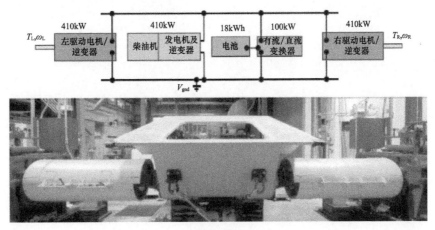

(a) 试验台实景

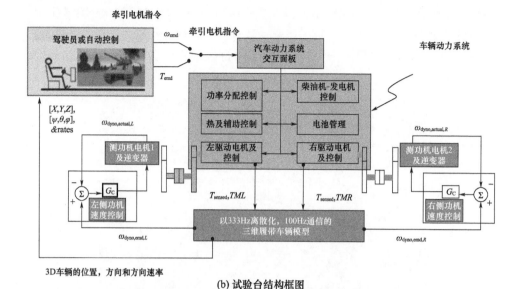

(b) 试验台结构框图

图 1.13 TARDEC 搭建的 20t 级履带车辆电驱动系统试验台架

在履带车辆转向过程中,转向半径是不断变化的,因此转向阻力也是不断变化的,而且等效到传动装置输出轴两端的转动惯量也随着转向半径不断变化。目前,国内大功率电驱动系统试验主要集中在动力性能测试方面。中国北方车辆研究所建立了基于实车工况的电驱动系统动态转向性能试验系统,实现了实车转向工况下转向阻力的实时模拟及驾驶员在环,可以对电驱动装置的动态转向性能进行准确的测试及对转向控制策略进行充分验证及标定。

第 2 章 高速履带车辆转向动力学建模

2.1 基本假设及坐标系

2.1.1 建模基本假设

(1)履带车辆在水平地面上做转向运动,不考虑地面坡度的影响;

(2)地面为硬路或铺装路,不计履带的沉陷以及履带板在侧向的推土效应;

(3)履带为不可拉伸的均匀柔性带,不计履带宽度影响,不考虑履带张力的变化对接地压力的影响;

(4)转向过程中车辆的行驶阻力系数与直线行驶时相同;

(5)履带—地面之间的剪切应力与该点在转向过程中的剪切位移相关,且履带—地面之间作用点的剪切力方向与该点履带与地面的滑动速度方向相反;

(6)履带—地面之间切向力的纵向分量构成两侧履带的牵引力或制动力,切向力的横向分量构成了横向阻力,横向阻力对车辆质心的矩构成转向阻力矩;

(7)考虑高速转向时离心力的影响,并假设履带与地面之间的接地压力为均匀分布。

2.1.2 模型坐标系

假定履带车辆转向过程中做三自由度的平面运动。履带车辆瞬态转向运动图如图 2.1 所示。其中,xyz 为固连于车体的局部坐标系,坐标原点 O 位于车体几何对称中心,x 轴始终沿着车辆的行驶方向,y 轴指向车体左侧,z 轴符合右手定则,垂直向上。车辆质心位置 CG 与局部坐标系原点 O 的纵向及横向距离分别为 c_x 和 c_y。并且定义当车辆质心位于车体几何中心前侧时,c_x 为正值;当车辆质心位于车体几何中心后侧时,c_x 为负值。当车辆质心位于车体几何中心左侧时,c_y 为正值;当车辆质心位于车体几何中心右侧时,c_y 为负值。XYZ 坐标系固定于大地平面上,其坐标原点 O 在零时刻与车辆质心 CG 重合。图 2.1 中,履带接地长、履带宽度以及两侧履带中心距分别用 L、b 和 B 来表示。

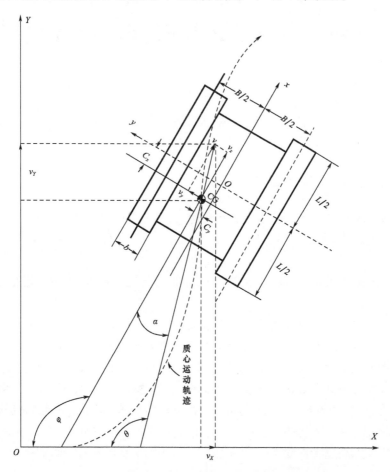

图 2.1　履带车辆瞬态转向运动简图及坐标系定义

2.2　履带车辆转向运动学模型

2.2.1　车辆转向运动学关系

如图 2.1 所示,当车辆在 XOY 平面内运动时,车辆质心瞬时速度用 v 表示,瞬时速度在局部坐标系 xyz 中的 x 轴及 y 轴方向的投影分别为 v_x、v_y,车辆质心速度 v 在全局坐标系中的纵向及横向分量分别为 v_X、v_Y。则车辆质心瞬时速度

可以表示为

$$v = \sqrt{v_x^2 + v_y^2} = \sqrt{v_X^2 + v_Y^2} \tag{2.1}$$

图 2.1 中,φ 表示为车辆的横摆角;θ 表示为车辆的航向角;α 表示为车辆的侧偏角。则车辆质心位置处的侧偏角 α 可以用车辆质心速度在局部坐标系中的纵向及横向分量来表示:

$$\alpha = \arctan\left(\frac{v_y}{v_x}\right) \tag{2.2}$$

侧偏角的变化率,即侧偏角速度 $\dfrac{\mathrm{d}\alpha}{\mathrm{d}t}$ 表示为

$$\frac{\mathrm{d}\alpha}{\mathrm{d}t} = \left(v_x \frac{\mathrm{d}v_y}{\mathrm{d}t} - v_y \frac{\mathrm{d}v_x}{\mathrm{d}t}\right) \Big/ v^2 \tag{2.3}$$

式中:v 为车辆质心的瞬时速度,m/s;v_x 为车辆质心速度在局部坐标系 x 轴方向的投影,m/s;v_y 为车辆质心速度在局部坐标系 y 轴方向的投影,m/s。

由图 2.1 可知,车辆航向角 θ 与车辆横摆角 φ 及车辆侧偏角 α 之间有如下关系,即

$$\theta = \varphi - \alpha \tag{2.4}$$

则航向角速度 $\dfrac{\mathrm{d}\theta}{\mathrm{d}t}$ 可以由式(2.4)的微分表示,即

$$\frac{\mathrm{d}\theta}{\mathrm{d}t} = \frac{\mathrm{d}\varphi}{\mathrm{d}t} - \frac{\mathrm{d}\alpha}{\mathrm{d}t} \tag{2.5}$$

式中:$\dfrac{\mathrm{d}\theta}{\mathrm{d}t}$ 为车辆航向角速度,rad/s。

结合式(2.3)和式(2.5)可得:

$$\frac{\mathrm{d}\theta}{\mathrm{d}t} = \frac{\mathrm{d}\varphi}{\mathrm{d}t} - \left(v_x \frac{\mathrm{d}v_y}{\mathrm{d}t} - v_y \frac{\mathrm{d}v_x}{\mathrm{d}t}\right) \Big/ v^2 \tag{2.6}$$

式中:$\dfrac{\mathrm{d}\varphi}{\mathrm{d}t}$ 为车辆横摆角速度,rad/s。

图 2.2 所示为履带及车体任意一点速度图,图 2.2 中 CR 为履带车辆的转向中心,ICR 为履带车辆的瞬时转向中心。当车辆质心 CG 的瞬时速度及其在局部坐标系中 x 轴及 y 轴方向的投影为 V、v_x、v_y 时,则车辆上任意一点 A 的速度可以表示为

$$\begin{cases} v_{Ax} = v_x + (y - c_y)\dfrac{\mathrm{d}\varphi}{\mathrm{d}t} \\ v_{Ay} = v_y - (x - c_x)\dfrac{\mathrm{d}\varphi}{\mathrm{d}t} \end{cases} \tag{2.7}$$

车体上任意一点 A 的绝对速度：

$$v_A = \sqrt{\left[v_x + (y - c_y)\frac{\mathrm{d}\varphi}{\mathrm{d}t}\right]^2 + \left[v_y - (x - c_x)\frac{\mathrm{d}\varphi}{\mathrm{d}t}\right]^2} \qquad (2.8)$$

同样，两侧履带接地段前、后端的绝对速度如图 2.2 所示。

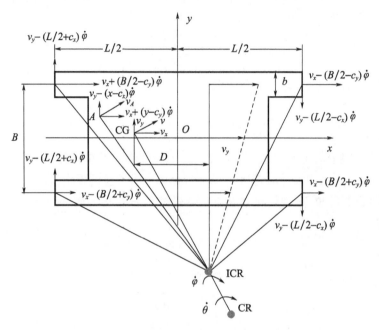

图 2.2 履带及车体任意一点速度图

图 2.3 为履带在任意位置的滑动速度图，图中 R_0 为车辆质心位置运行轨迹曲率半径，R 为瞬时转向曲率半径，R' 为车辆几何中心到瞬时转向中心的横向距离，$\dot{\theta}$ 为航向角速度，$\dot{\varphi}$ 为横摆角速度。从图 2.3 中看出，车辆质心位置运行轨迹的曲率半径 R_0，即图 2.3 中履带车辆的转向中心 CR 到车辆质心位置 CG 的距离可以表示为

$$R_0 = v / \frac{\mathrm{d}\theta}{\mathrm{d}t} \qquad (2.9)$$

将式(2.6)代入式(2.9)，得：

$$R_0 = \frac{v^3}{v^2 \dfrac{\mathrm{d}\varphi}{\mathrm{d}t} - v_x \dfrac{\mathrm{d}v_y}{\mathrm{d}t} + v_y \dfrac{\mathrm{d}v_x}{\mathrm{d}t}} \qquad (2.10)$$

车辆质心 CG 在地面固定坐标系 XYZ 下运动轨迹的纵向及横向坐标表示为 $X(t)$、$Y(t)$，在全局坐标系中，t 时刻车辆质心位置的运动轨迹可表示为

$$\begin{cases} X(t) = -\int_0^t v\cos\theta \mathrm{d}t \\ Y(t) = \int_0^t v\sin\theta \mathrm{d}t \end{cases} \quad (2.11)$$

车辆的瞬时转向中心 ICR 在局部坐标系中的坐标位置 (x_I, y_I) 以及瞬时转向半径 R(见图 2.3)可以表示为

$$\begin{cases} x_I = D + c_x = v_y \bigg/ \dfrac{\mathrm{d}\varphi}{\mathrm{d}t} + c_x \\ y_I = R' = v_x \dfrac{\mathrm{d}\varphi}{\mathrm{d}t} \end{cases} \quad (2.12)$$

式中：D 为履带车辆瞬时转向中心到车辆质心的纵向距离，m。

瞬时转向半径为

$$R = \sqrt{(R' + c_y)^2 + D^2} \quad (2.13)$$

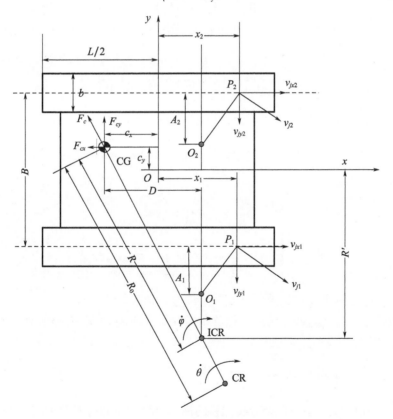

图 2.3 履带在任意位置的滑动速度图

2.2.2 履带滑动速度及位移

为了计算履带接地段的剪切位移量,首先需要确定履带接地段的滑动速度。如图 2.3 所示,在高速侧履带接地段纵向轴线上任取一点 $P_2(x_2,B/2)$,其瞬时滑动速度 v_2 的方向垂直于高速侧履带接地段瞬时转向中心 O_2 与该点的连线,A_2 为高速侧履带转向级的横向偏移量,则瞬时滑动速度在连体坐标系下的纵向及横向分量表示为

$$\begin{cases} v_{jx2} = (R' + B/2)\dfrac{\mathrm{d}\varphi}{\mathrm{d}t} - v_{x2} = \left(v_x + (B/2 - c_y)\dfrac{\mathrm{d}\varphi}{\mathrm{d}t}\right) - v_{x2} = A_2\dfrac{\mathrm{d}\varphi}{\mathrm{d}t} \\ v_{jy2} = -(x_2 - D - c_x)\dfrac{\mathrm{d}\varphi}{\mathrm{d}t} = v_y - (x_2 - c_x)\dfrac{\mathrm{d}\varphi}{\mathrm{d}t} \end{cases} \quad (2.14)$$

同理,对于低速侧履带接地段纵向轴线上的任意一点 $P_1(x_1,-B/2)$,其瞬时滑动速度 v_{j1} 的方向垂直于低速侧履带接地段瞬时转向中心 O_1 与该点的连线,A_1 为高速侧履带转向级的横向偏移量,其瞬时滑动速度 v_{j1} 在连体坐标系下的纵向及横向分量表示为

$$\begin{cases} v_{jx1} = (R' - B/2)\dfrac{\mathrm{d}\varphi}{\mathrm{d}t} - v_{x1} = \left(v_x - (B/2 + c_y)\dfrac{\mathrm{d}\varphi}{\mathrm{d}t}\right) - v_{x1} = A_1\dfrac{\mathrm{d}\varphi}{\mathrm{d}t} \\ v_{jy1} = -(x_1 - D - c_x)\dfrac{\mathrm{d}\varphi}{\mathrm{d}t} = v_y - (x_1 - c_x)\dfrac{\mathrm{d}\varphi}{\mathrm{d}t} \end{cases} \quad (2.15)$$

履带车辆转向时的横摆角速度 $\dfrac{\mathrm{d}\varphi}{\mathrm{d}t}$ 以及车辆几何中心到瞬时转向中心的横向距离 R' 可以表示为

$$\begin{cases} \dfrac{\mathrm{d}\varphi}{\mathrm{d}t} = \dfrac{1}{B}(v_{x2} + v_{jx2} - v_{x1} - v_{jx1}) \\ R' = \dfrac{1}{2\dfrac{\mathrm{d}\varphi}{\mathrm{d}t}}(v_{x2} + v_{jx2} + v_{x1} + v_{jx1}) \end{cases} \quad (2.16)$$

式中:v_{x2}、v_{x1} 分别为高速侧及低速侧履带的卷绕速度,m/s。

履带接地长度上各点的剪切位移沿着接地长度方向累积,至接地后端达到最大值。P_2 点到履带接地最前端的距离为 $L/2 - x_2$,则转向过程中从 P_2 点运动到地面与履带接地段最前端处所需时间 $t_2 = (L/2 - x_2)/v_{x2}$,因而有 $t_2 = \int_0^{t_2}\mathrm{d}t = \int_{x_2}^{L/2}\dfrac{\mathrm{d}x_2}{\mathrm{d}v_{x2}}$。根据定义,$P_2$ 点处剪切位移的横向分量和纵向分量分别表示为

$$j_{x2} = \int_0^{t_2} v_{jx2}\mathrm{d}t$$

$$= \int_{x_2}^{L/2} \frac{v_{jx2}}{v_{x2}} dx_2$$

$$= \int_{x_2}^{L/2} \frac{(v_x + (B/2 - c_y)\dot{\varphi}) - v_{x2}}{v_{x2}} dx_2$$

$$= \left[\frac{(v_x + (B/2 - c_y)\dot{\varphi})}{v_{x2}} - 1 \right](L/2 - x_2) \quad (2.17)$$

$$j_{y2} = \int_0^{t_2} v_{jx2} dt$$

$$= \int_{x_2}^{L/2} \frac{v_{jy2}}{v_{x2}} dx_2$$

$$= \int_{x_2}^{L/2} \frac{v_y - (x_2 - c_x)\dot{\varphi}}{v_{x2}} dx_2$$

$$= \frac{1}{v_{x2}} \left[(v_y + c_x \dot{\varphi})(L/2 - x_2) - \frac{(L/2)^2 - x_2^2}{2} \dot{\varphi} \right] \quad (2.18)$$

同理，P_1 点到履带接地最前端的距离为 $L/2 - x_1$，则转向过程中从 P_1 点运动到地面与履带接地段最前端处所需时间 $t_1 = (L/2 - x_1)/v_{x1}$，因而有 $t_1 = \int_0^{t_1} dt = \int_{x_1}^{L/2} \frac{dx_1}{dv_{x1}}$。根据定义，$P_1$ 点处剪切位移的横向分量和纵向分量分别表示为

$$j_{x1} = \int_0^{t_1} v_{jx1} dt$$

$$= \int_{x_1}^{L/2} \frac{v_{jx1}}{v_{x1}} dx_1$$

$$= \int_{x_1}^{L/2} \frac{(v_x - (B/2 + c_y)\dot{\varphi}) - v_{x1}}{v_{x1}} dx_1$$

$$= \left[\frac{(v_x - (B/2 + c_y)\dot{\varphi})}{v_{x1}} - 1 \right](L/2 - x_1) \quad (2.19)$$

$$j_{y1} = \int_0^{t_1} v_{jx1} dt$$

$$= \int_{x_1}^{L/2} \frac{v_{jy1}}{v_{x1}} dx_1$$

$$= \int_{x_1}^{L/2} \frac{v_y - (x_1 - c_x)\dot{\varphi}}{v_{x1}} dx_1$$

$$= \frac{1}{v_{x1}} \left[(v_y + c_x \dot{\varphi})(L/2 - x_1) - \frac{(L/2)^2 - x_1^2}{2} \dot{\varphi} \right] \quad (2.20)$$

式中：v_{x2}、v_{x1} 分别表示为由高速侧和低速侧驱动轮角速度 ω_2、ω_1 和节圆半径 r_z

确定的理论速度,m/s。

则 P_2、P_1 点处的合成剪切位移表示为

$$\begin{cases} j_2 = \sqrt{j_{x2}^2 + j_{y2}^2} \\ j_1 = \sqrt{j_{x1}^2 + j_{y1}^2} \end{cases} \tag{2.21}$$

2.3　履带车辆转向动力学模型

履带车辆瞬态转向过程中,履带车辆转向受力图如图2.4所示,图2.4中,瞬时转向中心(ICR)在局部坐标系中的 x 坐标和 y 坐标分别为 $D+c_x$ 和 R',其中,D 为履带车辆瞬时转向中心到车辆质心的纵向距离。车辆质心位置的运动轨迹的旋转中心以及曲率半径分别为 CR 和 R_0,车辆质心距地面高度为 h,惯性力在 x 和 y 方向的分量分别用 F_{cx} 和 F_{cy} 来表示,车辆的总质量用 G 来表示。

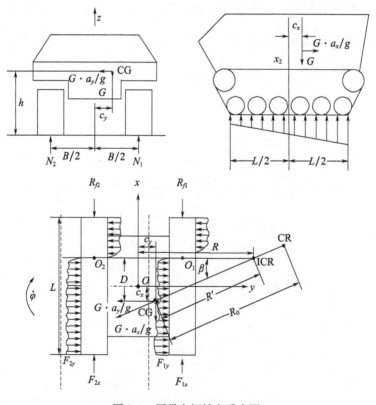

图 2.4　履带车辆转向受力图

2.3.1 转向惯性力

由图2.1可知,在 XYZ 坐标系中,履带车辆质心速度的纵向及横向分量 v_X、v_Y 与局部坐标系 xyz 中履带车辆质心速度的纵向及横向分量 v_x、v_y 的互换关系可以表示为

$$\begin{cases} v_X = -v_x \cdot \cos\varphi - v_y \cdot \sin\varphi \\ v_Y = v_x \cdot \sin\varphi - v_y \cdot \cos\varphi \end{cases} \quad (2.22)$$

在 XYZ 坐标系中,质心加速度的纵向及横向分量可以表示为

$$\begin{cases} a_X = \dfrac{\mathrm{d}v_X}{\mathrm{d}t} \\ a_Y = \dfrac{\mathrm{d}v_Y}{\mathrm{d}t} \end{cases} \quad (2.23)$$

车体在局部坐标系 xyz 中质心加速度的纵向与横向分量可以用 a_X、a_Y 的形式表示为

$$\begin{cases} a_x = -a_X \cdot \cos\varphi + a_Y \cdot \sin\varphi \\ a_y = -a_X \cdot \sin\varphi - a_Y \cdot \cos\varphi \end{cases} \quad (2.24)$$

将式(2.22)、式(2.23)代入式(2.24)中,得:

$$\begin{cases} a_x = \dfrac{\mathrm{d}v_x}{\mathrm{d}t} + v_y \dfrac{\mathrm{d}\varphi}{\mathrm{d}t} \\ a_y = \dfrac{\mathrm{d}v_y}{\mathrm{d}t} - v_x \dfrac{\mathrm{d}\varphi}{\mathrm{d}t} \end{cases} \quad (2.25)$$

因此,车辆在纵向方向的惯性力为

$$F_{cx} = ma_x = \dfrac{G}{g}\left(\dfrac{\mathrm{d}v_x}{\mathrm{d}t} + v_y \dfrac{\mathrm{d}\varphi}{\mathrm{d}t}\right) \quad (2.26)$$

车辆在横向方向的惯性力为

$$F_{cy} = ma_y = \dfrac{G}{g}\left(\dfrac{\mathrm{d}v_y}{\mathrm{d}t} - v_x \dfrac{\mathrm{d}\varphi}{\mathrm{d}t}\right) \quad (2.27)$$

2.3.2 履带—地面相互作用力

2.3.2.1 履带—地面法向力

惯性力的横向分量 F_{cy} 使得两侧履带接地段的负荷重新分配,即外侧履带接地段负荷增加,内侧履带接地段负荷减小。高速侧和低速侧履带接地段的法向负荷 N_2、N_1 分别为

$$\begin{cases} N_2 = \dfrac{G}{2} - \left(\dfrac{h}{B}F_{cy} - \dfrac{Gc_y}{B}\right) \\ N_1 = \dfrac{G}{2} + \left(\dfrac{h}{B}F_{cy} + \dfrac{Gc_y}{B}\right) \end{cases} \qquad (2.28)$$

高速侧和低速侧履带接地段的接地压力分别为

$$\begin{cases} p_2(x_2) = \dfrac{N_2}{bL} + \dfrac{6}{bL^3}(Gc_x - hF_{cx})x_2 \\ p_1(x_2) = \dfrac{N_1}{bL} + \dfrac{6}{bL^3}(Gc_x - hF_{cx})x_1 \end{cases} \qquad (2.29)$$

2.3.2.2 履带—地面切向力

当履带车辆在硬路面或铺装路面行驶时,履带接地段剪切力与履带—地面之间的滑移变形量有关,如果不考虑软路面土壤的黏着系数和内摩擦角等因素,履带与地面之间的剪切作用力可以表示为

$$\tau = p\mu(1 - \mathrm{e}^{-j/K}) \qquad (2.30)$$

式中:p 为履带与地面之间的法向正压力;K 为履带与地面之间的剪切模量;μ 为履带与地面之间的摩擦系数,这里假定为常量。

两侧履带接地段剪切力的方向如图 2.4 所示,一般在硬路面和铺装路面上,履带接地段剪切力与履带—地面之间的滑动速度方向相反。履带车辆在硬路面转向时,两侧履带接地段单位面积 dA 下的剪切力为

$$\begin{cases} \mathrm{d}F_2 = \tau_2 \mathrm{d}A = p_2\mu(1 - \mathrm{e}^{-j_2/K})\mathrm{d}A \\ \mathrm{d}F_1 = \tau_1 \mathrm{d}A = p_1\mu(1 - \mathrm{e}^{-j_1/K})\mathrm{d}A \end{cases} \qquad (2.31)$$

▶ 2.3.3 转向牵引力与制动力

如图 2.5 所示,δ_2、δ_1 分别表示高速侧及低速侧履带滑动速度与纵向方向的夹角,并且有

$$\begin{cases} \sin\delta_2 = \dfrac{v_{jy2}}{\sqrt{v_{jx2}^2 + v_{jy2}^2}} = \dfrac{v_y - (x_2 - c_x)\dot{\varphi}}{\sqrt{(v_x + (B/2 - c_y)\dot{\varphi} - v_{x2})^2 + (v_y - (x_2 - c_x)\dot{\varphi})^2}} \\ \cos\delta_2 = \dfrac{v_{jx2}}{\sqrt{v_{jx2}^2 + v_{jy2}^2}} = \dfrac{v_x + (B/2 - c_y)\dot{\varphi} - v_{x2}}{\sqrt{(v_x + (B/2 - c_y)\dot{\varphi} - v_{x2})^2 + (v_y - (x_2 - c_x)\dot{\varphi})^2}} \end{cases}$$

$$(2.32)$$

$$\begin{cases} \sin\delta_1 = \dfrac{v_{jy_1}}{\sqrt{v_{jx_1}^2 + v_{jy_1}^2}} = \dfrac{v_y - (x_1 - c_x)\dot\varphi}{\sqrt{(v_x - (B/2 + c_y)\dot\varphi - v_{x1})^2 + (v_y - (x_1 - c_x)\dot\varphi)^2}} \\ \cos\delta_1 = \dfrac{v_{jx_1}}{\sqrt{v_{jx_1}^2 + v_{jy_1}^2}} = \dfrac{v_x - (B/2 + c_y)\dot\varphi - v_{x1}}{\sqrt{(v_x - (B/2 + c_y)\dot\varphi - v_{x1})^2 + (v_y - (x_1 - c_x)\dot\varphi)^2}} \end{cases} \tag{2.33}$$

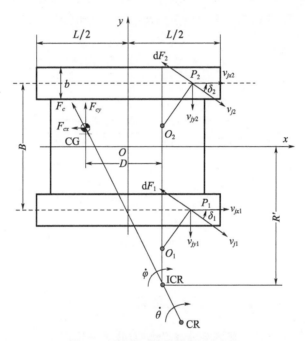

图 2.5 履带车辆瞬态转向受力图

图 2.5 所示为履带车辆稳态转向时的受力示意图,对于图中 P_2 点来说,该点受到的剪切力 dF_2 的方向始终与滑动速度方向相反。根据定义,高速侧履带纵向分力 F_{x2} 和横向分力 F_{y2} 可以表示为高速侧履带剪切力 dF_2 的纵向分量及横向分量沿整个履带接地长度上的积分,即

$$\begin{aligned} F_{x2} &= \int dF_2 \cos(\pi + \delta_2) \\ &= -\int_{-L/2}^{L/2} b\tau_2 \cos\delta_2 \, dx_2 \\ &= -\int_{-L/2}^{L/2} \dfrac{bp_2\mu(v_x + (B/2 - c_y)\dot\varphi - v_{x2})(1 - e^{-j_2/K})}{\sqrt{(v_x + (B/2 - c_y)\dot\varphi - v_{x2})^2 + (v_y - (x_2 - c_x)\dot\varphi)^2}} \, dx_2 \end{aligned} \tag{2.34}$$

$$F_{y2} = \int dF_2 \sin(\pi + \delta_2)$$

$$= -\int_{-L/2}^{L/2} b\tau_2 \sin\delta_2 \mathrm{d}x_2$$

$$= -\int_{-L/2}^{L/2} \frac{bp_2\mu(v_y - (x_2 - c_x)\dot{\varphi})(1 - e^{-j_2/K})}{\sqrt{(v_x + (B/2 - c_y)\dot{\varphi} - v_{x2})^2 + (v_y - (x_2 - c_x)\dot{\varphi})^2}} \mathrm{d}x_2 \quad (2.35)$$

式中：b 为履带板宽度。

同理,低速侧履带的纵向力分量 F_{x_1} 和横向力分量 F_{y_1} 也分别可以表示低速侧履带剪切力 $\mathrm{d}F_1$ 的纵向分量及横向分量沿整个履带接地长度上的积分,即

$$F_{x_1} = \int \mathrm{d}F_1 \cos(\pi + \delta_1)$$

$$= -\int_{-L/2}^{L/2} b\tau_1 \cos\delta_1 \mathrm{d}x_1$$

$$= -\int_{-L/2}^{L/2} \frac{bp_1\mu(v_x - (B/2 + c_y)\dot{\varphi} - v_{x1})(1 - e^{-j_1/K})}{\sqrt{(v_x - (B/2 + c_y)\dot{\varphi} - v_{x1})^2 + (v_y - (x_1 - c_x)\dot{\varphi})^2}} \mathrm{d}x_1 \quad (2.36)$$

$$F_{y_1} = \int \mathrm{d}F_1 \sin(\pi + \delta_1)$$

$$= -\int_{-L/2}^{L/2} b\tau_1 \sin\delta_1 \mathrm{d}x_1$$

$$= -\int_{-L/2}^{L/2} \frac{bp_1\mu(v_y - (x_1 - c_x)\dot{\varphi})(1 - e^{-j_1/K})}{\sqrt{(v_x - (B/2 + c_y)\dot{\varphi} - v_{x1})^2 + (v_y - (x_1 - c_x)\dot{\varphi})^2}} \mathrm{d}x_1 \quad (2.37)$$

▶ 2.3.4 转向驱动力矩与转向阻力矩

由高速侧履带和低速侧履带上的纵向力分量分别产生的绕车辆质心 CG 点的转向驱动力矩 M_{D_2} 和 M_{D_1} 分别表示为

$$M_{D_2} = \int \mathrm{d}\left(\frac{B}{2} + ic_y\right) F_2 \cos(\pi + \delta_2)$$

$$= -\int_{-L/2}^{L/2} \left(\frac{B}{2} + ic_y\right) b\tau_2 \cos\delta_2 \mathrm{d}x_2$$

$$= -\int_{-L/2}^{L/2} \left(\frac{B}{2} + ic_y\right) \frac{bp_2\mu((v_x + (B/2 - c_y)\dot{\varphi}) - v_{x2})(1 - e^{-j_2/K})}{\sqrt{(v_x + (B/2 - c_y)\dot{\varphi} - v_{x2})^2 + (v_y - (x_2 - c_x)\dot{\varphi})^2}} \mathrm{d}x_2$$

$$(2.38)$$

$$M_{D_1} = \int \mathrm{d}\left(\frac{B}{2} - ic_y\right) F_1 \cos(\pi + \delta_1)$$

$$= -\int_{-L/2}^{L/2} \left(\frac{B}{2} - ic_y\right) b\tau_1 \cos\delta_1 \mathrm{d}x_1$$

$$= -\int_{-L/2}^{L/2} \left(\frac{B}{2} - ic_y\right) \frac{bp_1\mu(v_x - (B/2 + c_y)\dot{\varphi} - v_{x1})(1 - e^{-j_1/K})}{\sqrt{(v_x - (B/2 + c_y)\dot{\varphi} - v_{x1})^2 + (v_y - (x_1 - c_x)\dot{\varphi})^2}} dx_1$$
(2.39)

式中：左转向时，$i = 1$，右转向时，$i = -1$。

同时，由两侧履带上的横向力分量产生的绕车辆质心 CG 点的转向阻力矩 M_{μ_2} 和 M_{μ_1} 分别表示为

$$M_{\mu_2} = \int dF_2 \sin(\pi + \delta_2)(x_2 - c_x)$$

$$= -\int_{-L/2}^{L/2} b\tau_2(x_2 - c_x)\sin\delta_2 dx_2$$

$$= -\int_{-L/2}^{L/2} \frac{bp_2\mu(x_2 - c_x)(v_y - (x_2 - c_x)\dot{\varphi})(1 - e^{-j_2/K})}{\sqrt{(v_x + (B/2 - c_y)\dot{\varphi} - v_{x2})^2 + (v_y - (x_2 - c_x)\dot{\varphi})^2}} dx_2 \quad (2.40)$$

$$M_{\mu_1} = \int dF_1 \sin(\pi + \delta_1)(x_1 - c_x)$$

$$= -\int_{-L/2}^{L/2} b\tau_1(x_1 - c_x)\sin\delta_1 dx_1$$

$$= -\int_{-L/2}^{L/2} \frac{bp_1\mu(x_1 - c_x)(v_y - (x_1 - c_x)\dot{\varphi})(1 - e^{-j_1/K})}{\sqrt{(v_x - (B/2 + c_y)\dot{\varphi} - v_{x1})^2 + (v_y - (x_1 - c_x)\dot{\varphi})^2}} dx_1 \quad (2.41)$$

此时，履带车辆稳态转向过程中总的转向阻力矩 M_μ 等于两侧履带转向阻力矩的和。

2.3.5 滚动阻力

高速侧履带及低速侧履带的滚动阻力 R_{f2}、R_{f1} 表示为滚动阻力系数与两侧履带接地段的法向负荷 N_2、N_1 的乘积，即

$$\begin{cases} R_{f2} = f \cdot N_2 = f \cdot \left(\frac{G}{2} - \left(\frac{h}{B}F_{cy} - \frac{Gc_y}{B}\right)\right) \\ R_{f1} = f \cdot N_1 = f \cdot \left(\frac{G}{2} + \left(\frac{h}{B}F_{cy} - \frac{Gc_y}{B}\right)\right) \end{cases} \quad (2.42)$$

2.3.6 履带车辆转向动力学方程

考虑瞬态转向过程中加速度引起的转向惯性力，惯性力在局部坐标系纵向方向上的投影表示为

$$\sum F_x = ma_x = \frac{G}{g}\left(\frac{dv_x}{dt} + v_y\frac{d\varphi}{dt}\right) \quad (2.43)$$

由于 $\sum F_x = F_{x2} + F_{x1} - (R_{f1} + R_{f2})$ $\sum F_x = F_{x2} + F_{x1} - (R_{f1} + R_{f2})$，则满足

$$\frac{G}{g}\left(\frac{dv_x}{dt} + v_y \frac{d\varphi}{dt}\right) = F_{x2} + F_{x1} - (R_{f1} + R_{f2}) \tag{2.44}$$

惯性力在局部坐标系纵向方向上的投影表示为

$$\sum F_y = ma_y = \frac{G}{g}\left(\frac{dv_y}{dt} - v_x \frac{d\varphi}{dt}\right) \tag{2.45}$$

由于 $\sum F_y = F_{y2} + F_{y1}$ $\sum F_y = F_{y2} + F_{y1}$，则满足

$$\frac{G}{g}\left(\frac{dv_y}{dt} - v_x \frac{d\varphi}{dt}\right) = F_{y2} + F_{y1} \tag{2.46}$$

惯性力绕车辆质心 Z 轴方向的转动惯量转矩表示为

$$\sum M_{ov} = I_z \frac{d\dot{\varphi}}{dt} \tag{2.47}$$

$$I_z \frac{d\dot{\varphi}}{dt} = M_{D2} - M_{D1} - \frac{B}{2}(R_{f2} - R_{f1}) - M_{\mu 2} - M_{\mu 1} \tag{2.48}$$

根据式(2.1)~式(2.48)的推导，最后得到总的瞬态转向动力学平衡方程为

$$\begin{cases} \dfrac{G}{g}\left(\dfrac{dv_x}{dt} + v_y \dfrac{d\varphi}{dt}\right) = F_{x2} + F_{x1} - (R_{f1} + R_{f2}) \\ \dfrac{G}{g}\left(\dfrac{dv_y}{dt} - v_x \dfrac{d\varphi}{dt}\right) = F_{y2} + F_{y1} \\ I_z \dfrac{d\dot{\varphi}}{dt} = M_{D2} - M_{D1} - \dfrac{B}{2}(R_{f2} - R_{f1}) - M_{\mu 2} - M_{\mu 1} \end{cases} \tag{2.49}$$

对于动力学平衡方程式(2.49)，已知输入条件为：两侧履带几何中心瞬时卷绕速度 v_{x2}、v_{x1} 以及车体质心初速度 v_0。式(2.49)中共有纵向速度 v_x、纵向加速度 $\dfrac{dv_x}{dt}$、横向速度 v_y、横向加速度 $\dfrac{dv_y}{dt}$、横摆角速度 $\dfrac{d\varphi}{dt}$、横摆角加速度 $\dfrac{d\dot{\varphi}}{dt}$ 6 个未知量。

以某型履带车辆瞬态转向过程分析为例，仿真分析履带车辆的转向性能，履带车辆的参数如表 2.1 所列。

表 2.1 履带车辆参数表

车辆参数	履带着地长 L/m	履带中心距 B/m	重心高度 h/m	主动轮半径 r_z/m	车质量 G/kg
轻型履带车辆	4.51	2.84	1.114	0.2626	20380

转向时系统输入条件为车辆质心的初始速度以及两侧履带的卷绕速度。仿真初始条件：车辆质心初始速度 $v_0 = 8\mathrm{m/s}$。两侧履带卷绕速度 v_{x2}、v_{x1} 随时间的变化曲线如图 2.6 所示。仿真计算时间为 20s，步长为 0.1s。

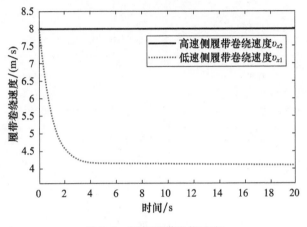

图 2.6 两侧履带卷绕速度

车辆转向响应随时间的变化趋势如图 2.7 所示。其中图 2.7(a) 和图 2.7(b) 分别表示车辆质心纵向速度 v_x 及横向速度 v_y 随时间的变化趋势，图 2.7(c) 和图 2.7(d) 分别表示车辆质心横摆角速度 $\dot{\varphi}$ 及角加速度 $\ddot{\varphi}$ 随时间的变化趋势，图 2.7(e) 和图 2.7(f) 分别表示两侧履带滑动速度 v_{jx2}、v_{jx1} 随时间的变化趋势，图 2.7(g) 和图 2.7(h) 分别表示转向半径随时间的变化趋势及转向运动轨迹，图 2.7(i) 和图 2.7(j) 分别表示车辆质心纵向及横向加速度 a_x、a_y 随时间的变化趋势，图 2.7(k) 和图 2.7(l) 分别表示车辆质心侧偏角速度及航向角速度 $\dot{\alpha}$、$\dot{\theta}$ 随时间的变化趋势。

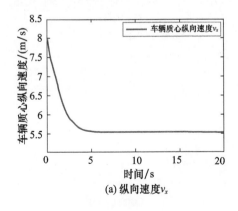
(a) 纵向速度 v_x

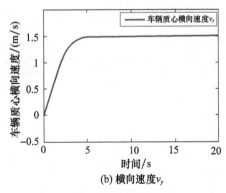
(b) 横向速度 v_y

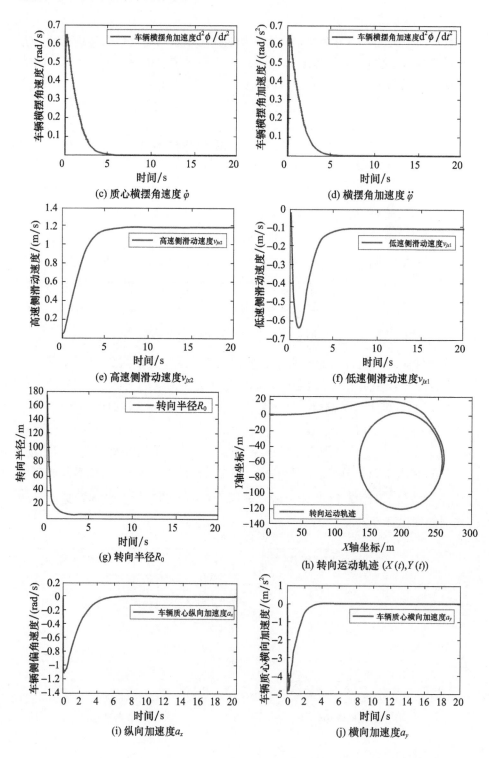

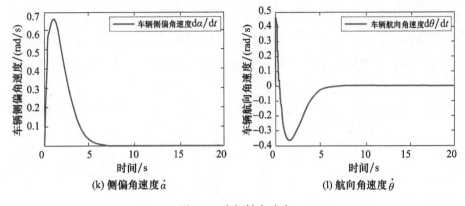

(k) 侧偏角速度 $\dot{\alpha}$ 　　(l) 航向角速度 $\dot{\theta}$

图 2.7　车辆转向响应

2.4　履带车辆转向仿真

2.4.1　不同行驶速度下履带车辆转向仿真

转向时,车辆质心初始速度分别为 6m/s、8m/s 和 10m/s,两侧履带卷绕速度的初始值也均为 6m/s、8m/s 和 10m/s,卷绕速度随时间的变化关系曲线如图 2.8 所示。转向过程中,高速侧履带卷绕速度始终为恒定值,而低速侧转速呈指数趋势逐步衰减,大约到 4s 时,低速侧转速降低到高速侧转速的 1/2。

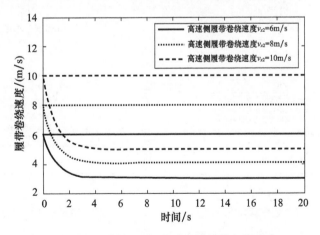

图 2.8　不同车速下转向时两侧履带卷绕速度

分别计算履带车辆以 3 种不同的行驶速度进行转向时的瞬态转向特性,得到车辆质心纵向速度 v_x 及横向速度 v_y,车辆质心横摆角速度 $\dot{\varphi}$ 及角加速度 $\ddot{\varphi}$,两侧履带滑动速度 v_{jx2}、v_{jx1},转向半径及转向运动轨迹,车辆质心纵向及横向加速度 a_x、a_y,车辆质心侧偏角速度及航向角速度 $\dot{\alpha}$、$\dot{\theta}$ 随时间的变化趋势,如图 2.9 所示。

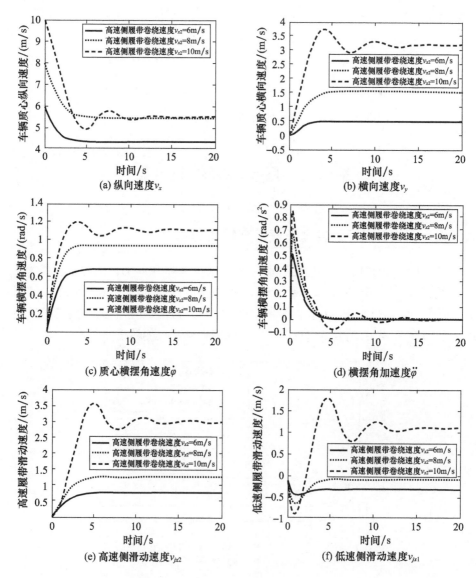

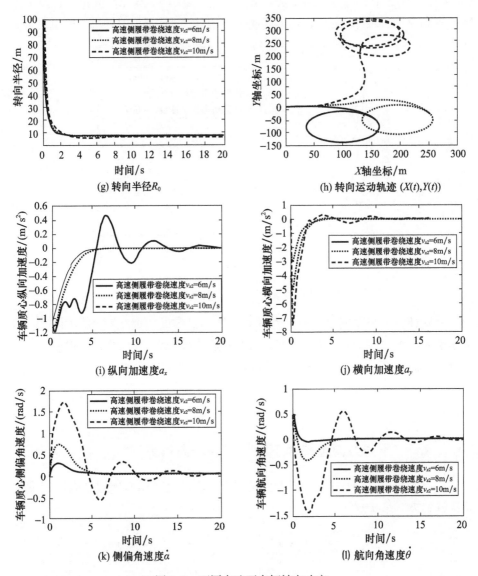

图2.9 不同车速下车辆转向响应

2.4.2 不同方向盘转角下履带车辆转向仿真

在不改变高速侧履带卷绕速度的前提下,通过改变低速侧履带卷绕速度大小的方式来实现。

如图2.10转向时,车辆质心初始速度为8m/s,高速侧履带卷绕速度始终为

8m/s,低速侧履带卷绕速度呈指数趋势逐步衰减,大约到4s时,低速侧转速分别降低到0m/s、2m/s和4m/s。其中低速侧履带转速为0m/s时相当于制动转向。

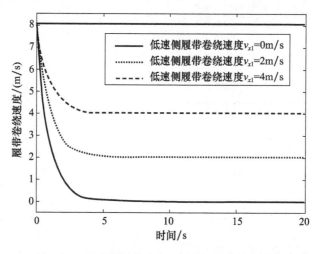

图2.10 低速侧履带速度不同时的转向输入条件

分别计算履带车辆以3种不同方向盘转角进行转向时的瞬态转向特性,得到车辆质心纵向速度v_x及横向速度v_y,车辆质心横摆角速度$\dot{\varphi}$及角加速度$\ddot{\varphi}$,两侧履带滑动速度v_{jx2}、v_{jx1},转向半径及转向运动轨迹,车辆质心纵向及横向加速度a_x、a_y,车辆质心侧偏角速度及航向角速度$\dot{\alpha}$、$\dot{\theta}$随时间的变化趋势,如图2.11所示。

2.4.3 不同方向盘转速下履带车辆转向仿真

在不改变高速侧履带卷绕速度的前提下,通过改变低速侧履带卷绕速度变化快慢的方式来实现。

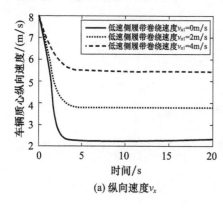

(a) 纵向速度v_x

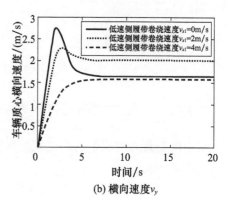

(b) 横向速度v_y

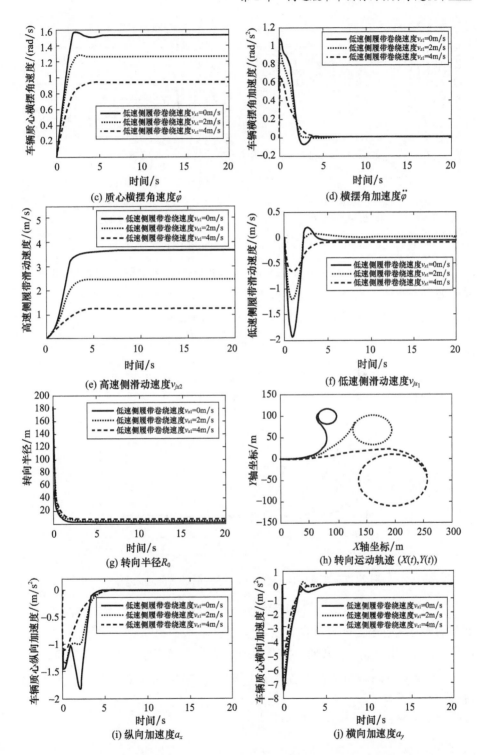

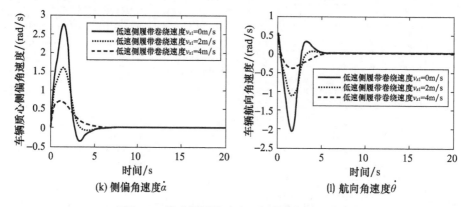

图 2.11 低速侧履带速度不同时车辆转向响应

转向时,车辆质心初始速度为 8m/s,高速侧履带卷绕速度始终为 8m/s,低速侧履带卷绕速度呈指数趋势逐步衰减,其变化趋势如图 2.12 所示,对应的横摆角速度分别为 0.95 rad/s、1.25 rad/s 和 1.50 rad/s。

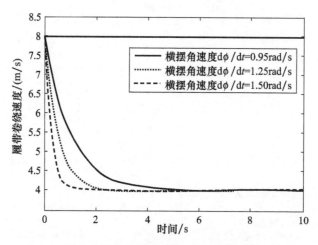

图 2.12 车辆转向横摆角速度不同时的转向输入条件

分别计算履带车辆以 3 种不同横摆角速度进行转向时的瞬态转向特性,得到车辆质心纵向速度 v_x 及横向速度 v_y,车辆质心横摆角速度 $\dot{\varphi}$ 及角加速度 $\ddot{\varphi}$,两侧履带滑动速度 v_{jx2}、v_{jx1},转向半径及转向运动轨迹,车辆质心纵向及横向加速度 a_x、a_y,车辆质心侧偏角速度及航向角速度 $\dot{\alpha}$、$\dot{\theta}$ 随时间的变化趋势,如图 2.13 所示。

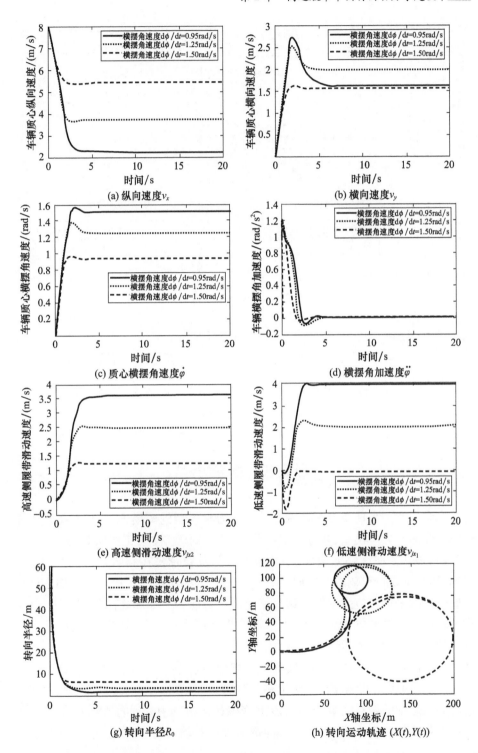

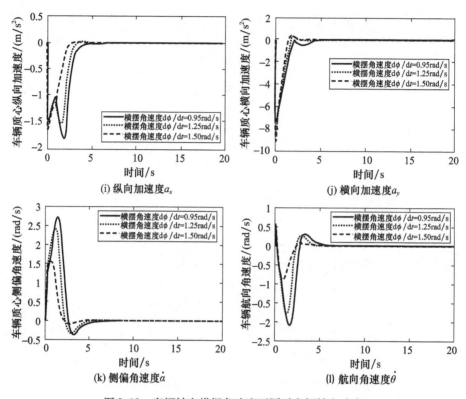

图 2.13　车辆转向横摆角速度不同时车辆转向响应

2.5　本章小结

本章研究了高速履带车辆瞬态转向动力学模型的建模方法,构建了履带车辆瞬态转向动力学模型,并进行了履带车辆转向仿真,主要工作如下。

(1)基于水平硬路面假设,不计履带沉陷及履带板在侧向方向推土效应的影响,建立了履带车辆瞬态转向动力学模型。该模型考虑了履带—地面之间的滑转、滑移,采用剪应力—剪位移关系模型计算履带—地面之间的切向力,并考虑了转向过程中转向离心力对两侧履带接地压力分布的影响,详细描述了履带—地面之间复杂的运动学与动力学关系。

(2)论述了车辆质心速度、转向侧偏角位移(速度)、车辆横摆角(速度)、车辆航向角(速度)、两侧履带滑动位移(速度)、瞬时转向半径、转向运动轨迹等运动学参数之间的相互关系,给出了履带车辆转向过程中受到的惯性力、履带—地面相互作用的切向力及法向力、转向牵引力及制动力、转向驱动力矩、转向阻力矩以及滚动阻力等作用力的关系表达式,在此基础上,构建了履带车辆瞬态转向动力学方程。

(3)进行了不同行驶速度、不同方向盘转角及不同方向盘转速下履带车辆转向仿真,为研究履带车辆瞬态转向特性的变化规律及转向控制奠定了基础。

第3章 高速履带车辆转向滑转滑移特性分析

3.1 履带车辆稳态转向动力学模型

3.1.1 稳态转向运动坐标系

相对于履带车辆的瞬态转向动力学来说，稳态转向运动只是瞬态动力学的一个特例。以水平地面为固定坐标系 XOY，转向过程车辆做三自由度平面运动，建立固结在车体上的动坐标系 xoy，如图 3.1 所示。o 为车辆平面的几何中心，IC 为瞬时转向中心。转向过程中，两侧履带分高速侧和低速侧，文中以下标 1 对应低速侧履带，下标 2 对应高速侧履带。

以在 $(B/2 \sim R_{\text{fre}}(自由半径))$ 半径范围内的转向工况为例，该工况下高速侧履带纵向分力为牵引力，接地段沿车辆行驶相反方向产生滑转，低速侧履带纵向分力为制动力，接地段沿车辆行驶方向产生滑移。履带的滑转和滑移使两侧履带的转向极发生横向偏移，在小于自由半径的大半径转向工况，履带的瞬时转向中心位于履带内侧和外侧。图 3.1 为稳态转向时坐标系统及运动关系示意图，O'、O'' 分别为高速、低速侧履带接地段的瞬时转向中心，A_2、A_1 分别代表高速侧及低速侧履带接地段转向极的横向偏移量。由于转向极偏移量是车辆的结构参数 λ（履带着地长与履距之比）、地面参数和转向半径的函数，不同工况下的转向极偏移量在不同范围内取值。在转向过程中，当车辆的质心位置有作用力时，车辆的转向极还会发生纵向偏移，这样会使两侧履带的接地压力发生改变，这种情况一般发生在坡地转向和高速转向过程中。

3.1.2 稳态转向动力学方程

要建立履带车辆稳态转向时的动力学模型，可以根据稳态转向时的运动学、动力学关系推导求得，也可以由瞬态转向动力学模型变换求得。为了简化建模过程，提高瞬态转向动力学模型与稳态转向动力学模型的一致性，下面将描述如何由瞬态转向动力学模型得到稳态转向时的动力学方程。

第3章 高速履带车辆转向滑转滑移特性分析

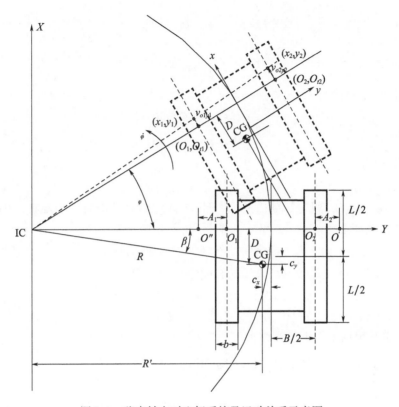

图 3.1 稳态转向时坐标系统及运动关系示意图

稳态转向时,由式(2.2)表示的履带车辆质心侧偏角 α 为常数值,此时式(2.3)、式(2.5)分别变换为

$$\frac{d\alpha}{dt}=0 \tag{3.1}$$

$$\frac{d\theta}{dt}=\frac{d\varphi}{dt}=\text{常数值} \tag{3.2}$$

因此,式(2.9)、式(2.10)变换为

$$R_0 = v\Big/\frac{d\varphi}{dt} \tag{3.3}$$

式(2.11)变换为

$$\begin{cases} X(t) = -\int_0^t v\cos\theta\,\dfrac{dt}{d\theta}d\theta \\ Y(t) = \int_0^t v\sin\theta\,\dfrac{dt}{d\theta}d\theta \end{cases} \tag{3.4}$$

将式(3.2)、式(3.3)代入式(3.4)中,得到:

$$\begin{cases} X(t) = -\int_0^\theta R_0\cos\theta\mathrm{d}\theta \\ Y(t) = \int_0^\theta R_0\sin\theta\mathrm{d}\theta \end{cases} \tag{3.5}$$

对式(3.5)进行积分,得到:

$$\begin{cases} X(t) = -R_0\sin\theta \\ Y(t) = -R_0\cos\theta \end{cases} \tag{3.6}$$

因此,有

$$X^2 + Y^2 = R_0^2 \tag{3.7}$$

式(3.7)表明,履带车辆稳态转向时,车辆质心的转向轨迹为圆弧。当履带车辆稳态转向时,由式(2.14)~式(2.21)表示的转向运动学方程以及由式(2.32)~式(2.41)表示的转向动力学方程仍然满足。

由式(2.26)~式(2.27)表示的转向惯性力变换为

$$F_{cx} = \frac{G}{g}v_y\frac{\mathrm{d}\varphi}{\mathrm{d}t} = \frac{G}{g}\frac{Dv^2}{R_0^2} \tag{3.8}$$

车辆在横向方向的惯性力为

$$F_{cy} = -\frac{G}{g}v_x\frac{\mathrm{d}\varphi}{\mathrm{d}t} = -\frac{G}{g}\frac{R'v^2}{R_0^2} \tag{3.9}$$

稳态转向时,由于横摆角速度$\frac{\mathrm{d}\varphi}{\mathrm{d}t}$为恒定的值,因而由式(2.49)表示的瞬态转向动力学方程可以简化为

$$\begin{cases} \sum F_x = F_{x2} + F_{x1} - \frac{G}{g}\frac{Dv^2}{R_0^2} - (R_{f1} + R_{f2}) = 0 \\ \sum F_y = F_{y2} + F_{y1} - \frac{G}{g}\frac{R'v^2}{R_0^2} = 0 \\ \sum M_{ov} = M_{D2} - M_{D1} - \frac{B}{2}(R_{f2} - R_{f1}) + (R' + c_y)\frac{GDv^2}{gR^2} - M_{\mu 2} - M_{\mu 1} = 0 \end{cases} \tag{3.10}$$

在该运动控制方程中,未知量主要有两侧履带瞬时转向中心的偏移量A_2、A_1和转向极的纵向偏移量D,当给出车辆结构参数b、h、L、B,地面参数f、μ、K,以及转向运动学参数,如车速V和转向半径R时,通过对3个运动控制方程的迭代计算可以得到各种车速和转向半径所对应的相对转向极偏移量a_1、a_2、a_3,也可以计算两侧履带的作用力、转矩和其他的运动学参数。

其中a_1、a_2是两侧履带相对转向极横向偏移量,定义为转向极横向偏移量

A_i 与履带接地长 L 一半之比;定义转向极的纵向偏移量 D 与履带接地长 L 一半之比为相对转向极纵向偏移量,即

$$\begin{cases} a_i = A_i/(L/2), i = 1,2 \\ a_3 = D/(L/2) \end{cases} \quad (3.11)$$

由于转向过程中履带的滑动,使得实际转向半径和转向角速度与理论值有较大的差别,为了在实际中准确估算转向参量的变化,需要给出转向半径和转向角速度的修正公式。

在图 3.1 所示局部坐标系中,履带的瞬时转向中心点 O'、O'' 在 y 轴方向上的速度是履带的理论速度,即为

$$\dot{\varphi}(R' \mp B/2 + c_y \mp A_i) = V_i, i = 1,2 \quad (3.12)$$

实际相对转向半径和实际转向角速度计算公式为

$$\dot{\varphi} = \frac{v_2(1-1/K_v)}{B} \frac{1}{1+\lambda/2(a_1+a_2)} = f_\varphi \dot{\varphi}_t \quad (3.13)$$

$$\rho = \frac{1}{2} \frac{(1+C_y+\lambda a_1)+K_v(\lambda a_2+1+C_y)}{1-K_v} = f_\rho \rho_t \quad (3.14)$$

$$f_w = \frac{1}{1+\lambda/2(a_2+a_1)} \quad (3.15)$$

$$f_\rho = \frac{(1+C_y+\lambda a_1)+K_v(\lambda a_2+1+C_y)}{1+K_v} \quad (3.16)$$

式中: $K_v = v_2/v_1$ 为高、低速两侧履带的速度之比; ρ_t 为理论相对转向半径; $\dot{\varphi}_t$ 为理论转向角速度; $C_y = 2c_y/B$; f_w、f_ρ 分别为转向角速度修正系数和转向半径修正系数。

在转向过程中,由于履带与地面之间的滑动,实际的转向半径要比理论半径大,而实际转向角速度要比理论值小,即一般情况下, f_ρ 大于 1,而 f_w 小于 1。

3.2 转向运动学参数变化规律分析

3.2.1 相对转向极偏移量

相对转向极偏移量是转向半径、车速、车辆结构参数以及地面条件参数 f、μ、K 的函数,利用稳态转向动力学模型,可以计算出对应不同车速和转向半径的相对转向极偏移量。计算中采用的行驶阻力系数由实车试验测试得到,取 $f = 0.05$;履带与地面之间的摩擦系数 $\mu = 0.9$;土壤的剪切模量 $K = 0.015$m。

图 3.2(a)、图 3.2(b)分别给出了在对数坐标和线性坐标下相对转向极偏移量随车速、转向半径的变化曲线,由图 3.2 可知,随着车速提高,相对转向极偏移量 a_3 是呈非线性增长变化的,在一定的行驶车速下,相对转向半径 ρ 在 1~10 的范围内,随着转向半径的变大,a_3 值减小,而且车速越大,a_3 值减小的梯度越大,在转向半径 $R \geqslant 20$ m 的范围内,a_3 值基本保持不变。

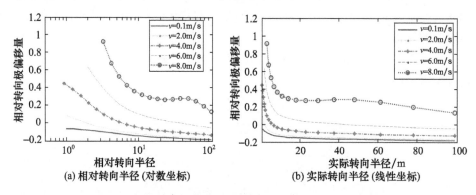

图 3.2　相对转向极偏移量 a_3 随车速、转向半径的变化曲线

图 3.3(a)、图 3.3(b)分别给出了在对数坐标和线性坐标下高速侧履带相对转向极偏移量 a_2 随车速、转向半径的变化曲线。由图 3.3 可知,a_2 在相对转向半径 ρ 为 1~10 的范围内基本不变,在转向半径 $R \geqslant 20$ m 的范围内呈线性增长的趋势,行驶车速对 a_2 的影响较小,基本随车速呈线性增大趋势。

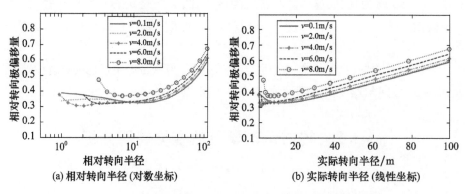

图 3.3　相对转向极偏移量 a_2 随车速、转向半径的变化曲线

图 3.4(a)、图 3.4(b)分别给出了在对数坐标和线性坐标下低速侧履带相对转向极偏移量 a_1 随车速、转向半径的变化曲线,由图 3.4 可知,a_1 随转向半径的增大,基本上是单调递减的,随着车速的增加,其减小的趋势变快,但是离心力对 a_1 的变化趋势有一定程度的影响,当车速大于 2m/s 时,a_1 的变化曲线不再是

单调减小的变化形式,车速增大时,曲线的变化范围有向半径增大范围移动的趋势。图3.3、图3.4中曲线随车速的变化趋势主要是由离心力引起的。

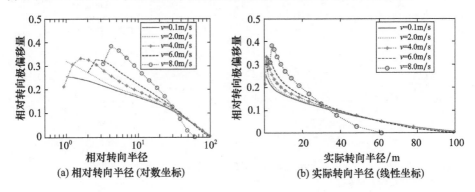

图3.4 相对转向极偏移量 a_1 随车速、转向半径的变化曲线

3.2.2 两侧履带滑动率

图3.5(a)、图3.5(b)分别给出了在对数坐标和线性坐标下高速履带的滑转率 δ_2 随转向半径、车速的变化规律曲线,由图3.5可知,高速侧履带的滑转率随着转向半径的增大而减小,车速对高速履带滑转率的影响较小。

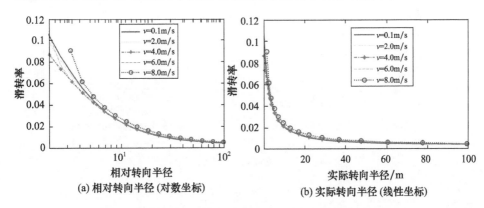

图3.5 高速履带滑转率 δ_2 随转向半径、车速的变化规律曲线

图3.6(a)、图3.6(b)分别给出了在对数坐标和线性坐标下低速履带的滑移率 δ_1 随转向半径、车速的变化规律曲线,由图可见,低速侧履带的滑移率也随着转向半径的增大而减小,但是在 ρ 为1~10的范围内,车速对履带的滑移率略有影响。

从图3.5、图3.6的对比结果来看,在常规转向半径下,稳态转向时,低速侧的履带滑移率比高速侧的履带滑转率略大。

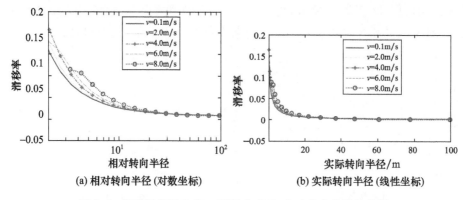

(a) 相对转向半径(对数坐标)　　(b) 实际转向半径(线性坐标)

图 3.6　低速履带滑移率 δ_1 随转向半径、车速的变化规律曲线

3.2.3　转向半径修正系数及转向角速度修正系数

如图 3.7 所示,从修正系数 f_ρ 的变化可以看出,当 $f/\varphi < 0.1, \rho > 0.5$ 时,如图 3.7(c)所示,在一定的地面条件下,转向半径的修正系数 $f_\rho > 1.5$,且随转向

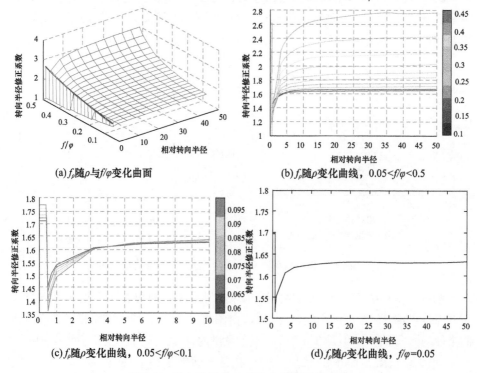

(a) f_ρ 随 ρ 与 f/φ 变化曲面　　(b) f_ρ 随 ρ 变化曲线, $0.05 < f/\varphi < 0.5$

(c) f_ρ 随 ρ 变化曲线, $0.05 < f/\varphi < 0.1$　　(d) f_ρ 随 ρ 变化曲线, $f/\varphi = 0.05$

图 3.7　转向半径修正系数 f_ρ 随参数的变化

半径的增大近似非线性增大,当达到某一个相对转向半径后,修正系数变为恒定值,这种变化规律与实际情况是相符合的。当 $f/\varphi > 0.1$ 时,转向半径修正系数呈非线性增长到转变为定值所对应的相对转向半径值逐渐增大。

如图 3.8(a)、图 3.8(b) 所示,可以看到,f_ω 始终小于 0.65,且随地面条件参数 f/φ 的增大而减小,但不随转向半径的变化而变化。对于 f/φ 小于 0.1 的情况,f_ω 在 0.6~0.65 范围内。

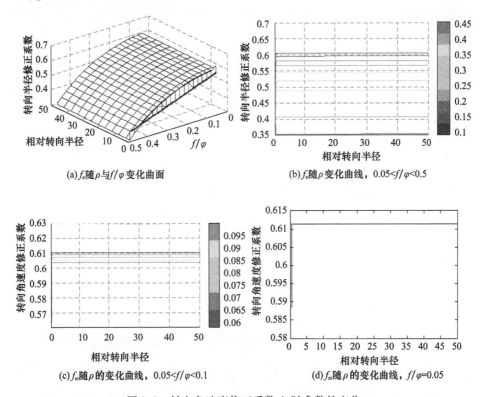

图 3.8 转向角速度修正系数 f_ω 随参数的变化

可以得到结论,地面条件越差($f/\varphi \to 0.5$),转向角速度修正系数越小。地面条件越好($f/\varphi \to 0.05$),转向角速度修正系数越大,且在 0.6~0.65 范围内,不随转向半径变化而变化。

由图 3.7 和图 3.8 可知,在常用工况下,f_ρ 约为 1.5~1.8,f_ω 约为 0.6~0.65。

3.3 转向动力学参数变化规律分析

利用转向运动控制方程对转向过程中两侧履带的牵引力、制动力进行计算,计算结果如图3.9(a)、图3.9(b)所示。图3.9中给出了随着不同行驶速度和转向半径两侧履带牵引力、制动力在对数坐标和线性坐标下的变化规律曲线,牵引力、制动力都是随着转向半径的增大而减小的,这与实际的情况显然相符合。由于离心力的影响,高速时两侧履带上的牵引力、制动力要比低速时小,在较小半径范围内,离心力的影响更明显,特别是对低速侧履带的制动力的影响。由于高速侧履带上的牵引力是主动产生的,低速侧履带上的制动力是由车体拖动造成履带与地面之间滑移产生的,高速侧牵引力的绝对值要比低速侧的制动力大。

另外,从图3.9中可以看出,当车速不大于2m/s时,车速对牵引力、制动力的影响不明显。同样,车速不大于2m/s时,图3.2中a_3值是小于0.1的。这与当a_3值小于0.1时,可以不考虑离心力对履带牵引力、制动力影响的结论是一致的。

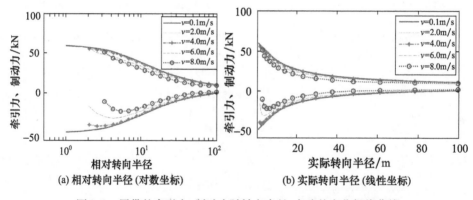

图3.9 履带的牵引力、制动力随转向半径、车速的变化规律曲线

图3.10中给出了转向阻力矩随转向半径、车速的变化规律曲线。由图3.10可知,随着转向半径增大,转向阻力矩减小。由于力矩平衡的关系,转向阻力矩与转向半径、转向时的车速、地面参数、车辆结构参数等有关。图3.10中曲线的变化趋势表明,车速对转向阻力矩有较明显影响,当车速$V \leqslant 2$m/s时,车速对转向阻力矩的影响不明显,当车速大于2m/s时,转向离心力的影响成分明显增加,但是这种影响也仅限于相对转向半径ρ在1~10的范围内。

3.4 本章小结

本章建立了稳态转向动力学模型,以某型履带车辆为研究对象,分析了履带车辆转向过程滑转滑移特性,主要内容如下:

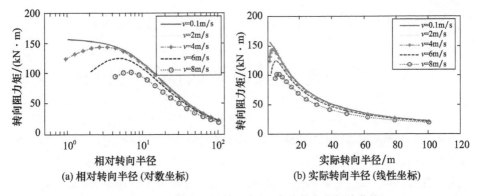

图 3.10 转向阻力矩随转向半径、车速的变化规律曲线

(1) 在瞬态转向动力学模型基础上,将稳态转向动力学模型作为瞬态转向模型的一个特例进行研究,考虑稳态转向过程中横摆角速度及转向半径为恒定值,推导了履带车辆稳态转向动力学模型。给出了考虑滑转、滑移的稳态转向运动学参数修正系数表达式,基于该模型能进行稳态转向运动学及动力学性能分析与评估。

(2) 通过利用建立的稳态转向模型计算得出的第三转向特征值 a_3 和履带牵引力、制动力的对应变化规律可以看出,当行驶车速不大于 2m/s,第三转向特征值 a_3 小于 0.1 时,车辆离心力对两侧履带的牵引力、制动力的影响可以忽略不计。

(3) 利用转向模型计算得出两侧履带的牵引力、制动力随转向半径的增大而逐渐变小,这与实际的情况相符合。得到的不同转向半径下的牵引力、制动力的计算结果与试验结果变化趋势和量值结果的一致性及其变化趋势的一致性表明,利用所建立的转向模型可以准确计算转向过程中两侧履带的作用力,进而估算出转向阻力矩和转向阻力系数。

(4) 模型计算得出的履带滑动时转向半径和转向角速度分别为传统转向理论计算值的 1.45~1.52 倍和 0.67~0.68 倍,这表明传统转向模型会带来较大的计算误差。

第4章 转向阻力系数模型与修正

由履带车辆稳态转向动力模型可以求得两侧履带的转向阻力矩,本章考虑两侧履带的转向阻力矩以及转向离心力对转向阻力矩的影响,结合传统转向阻力矩计算的等效方法,计算履带车辆转向时的等效转向阻力系数,提出了静态转向阻力系数及动态转向阻力系数两个模型,并采用数值拟合的方法对转向阻力系数模型的参数进行识别,为履带车辆各种转向条件下的转向载荷计算提供了理论方法。

4.1 静态转向阻力系数分析及模型修正

在之前的研究中,常通过引入转向阻力系数来预测履带车辆稳态转向过程中作用在履带车辆之间的横向力以及转向阻力矩。转向阻力系数的影响因素有转向半径、地面性质、履带接地压力大小及分布、履带板结构及形状等。

当假设履带接地压力均匀分布时,传统方法根据履带、地面之间的横向滑移来计算转向阻力矩,其表达式为

$$M_T = \frac{\mu_w G L}{4} \tag{4.1}$$

式中:μ_w 为转向阻力系数;G 为整车质量;L 为履带接地长。

式(4.1)表明,转向阻力矩 M_T 与转向半径无关,然而苏联 A.O. 尼基金教授的试验结果表明实测转向阻力矩 M_T 却是随着转向半径的变化而改变的。在常规转向半径范围内,转向阻力系数一般随转向半径的增加而减小,该学者以实车在不同地面测得制动转向工况下的转向阻力系数 μ_{max},再经实测不同转向半径的转向阻力,通过数据拟合,将转向阻力系数表示为转向半径的一元函数,从而确定了计算平均转向阻力系数的经验关系,尼基金转向阻力系数模型表达式为

$$\mu_w = \frac{\mu_{max}}{a + (1-a)(\rho + 1/2)} \tag{4.2}$$

式中:μ_{max} 为履带车辆以 $R = \frac{B}{2}$ 做制动转向时的最大转向阻力系数;a 为由试验数据拟合所得的系数;ρ 为相对转向半径,$\rho = R/B$,当制动转向时,即 $\rho = 1/2$,

$\mu_w = \mu_{max}$。

实际计算时,常取 $a = 0.85$,此时式(4.2)简化为

$$\mu_w = \frac{\mu_{max}}{0.925 + 0.15\rho} \tag{4.3}$$

式(4.3)表明,式(4.1)中的转向阻力系数 μ_w 应表示为转向半径的函数。Ehlert 等也根据实测数据拟合得到了转向阻力系数与转向半径之间的关系模型,但这些基于试验数据的关系模型由于包含许多试验拟合系数,目前这些试验模型在其他条件下是否适用还是未知的,因而影响了这些试验模型的通用性。

由前面的分析可知,根据履带车辆滑移转向动力学模型,履带车辆转向时,由高速侧和低速侧履带上的横向力分量产生的绕车辆质心 CG 点的转向阻力矩 $M_{\mu2}$ 和 $M_{\mu1}$ 分别由式(2.40)和式(2.41)表示。由式(2.40)、式(2.41)可知,要想计算两侧履带的转向阻力矩,就必须知道地面摩擦系数 μ 和地面剪切变形模量 K。也就是说,当建立履带车辆滑移转向动力学模型之后,实际上就无须引入转向阻力系数的概念来计算转向时的转向阻力矩。但是反过来,也可以根据履带车辆滑移转向动力学模型来计算转向阻力系数 μ_w 的等效表达式。下面分别对低速转向及高速转向时的转向阻力系数表达式的推导过程进行描述。

▶ 4.1.1 静态转向阻力系数模型

1) 不考虑离心力时的转向阻力系数

当履带车辆低速滑移转向时,可以忽略转向离心力的影响。此时,履带车辆稳态转向过程中总的转向阻力矩 M_μ 等于两侧履带转向阻力矩的和,即

$$M_\mu = M_{\mu2} + M_{\mu1} \tag{4.4}$$

令 $M_\mu = M_T = \frac{\mu_w GL}{4}$,则

$$\mu_w = 4\frac{M_\mu}{GL} = 4\frac{M_{\mu2} + M_{\mu1}}{GL} \tag{4.5}$$

根据这种方法求得的等效转向阻力系数 μ_w 只随转向半径的变化而变化,而无法考虑高速转向时离心力的影响,因而只适用于低速转向时的情形。

2) 考虑离心力时的转向阻力系数

当履带车辆转向速度较高时,离心力对转向性能的影响较显著,此时在计算转向阻力系数时,必须要考虑转向离心力的影响。考虑转向离心力影响时的转向阻力矩 M_μ 可表示为

$$M_\mu = M_{\mu2} + M_{\mu1} - (R' + c_y)\frac{GDv^2}{gR^2} \tag{4.6}$$

同样，令 $M_\mu = M_T = \dfrac{\mu_w GL}{4}$，则

$$\mu_w = 4\frac{M_\mu}{GL} = 4\frac{M_{\mu 2} + M_{\mu 1} - (R' + c_y)\dfrac{GDv^2}{gR^2}}{GL} \tag{4.7}$$

静态转向阻力系数计算方法与实施步骤如图 4.1 所示。

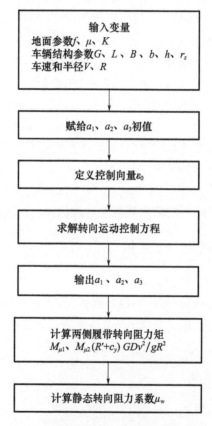

图 4.1 静态转向阻力系数计算流程图

4.1.2 静态转向阻力系数计算

以该型车辆在典型路面条件下的转向为例，计算时，车质量 $W = 20380\text{kg}$，履带接地长 $L = 4.51\text{m}$，计算时的车速为 1.2m/s。图 4.2 和图 4.3 分别为不考虑转向离心力影响时的转向阻力矩以及转向阻力系数。从图 4.2 和图 4.3 看出，转向阻力矩以及转向阻力系数均有随着转向半径的增大而逐渐衰减的趋势。这与尼基金公式具有相同的变化趋势，反映了转向阻力矩与相对转向半径之间的变化规律。

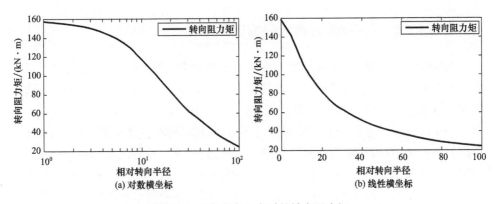

图 4.2 不考虑离心力时的转向阻力矩

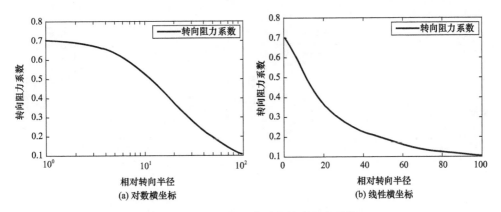

图 4.3 不考虑离心力时的转向阻力系数

图 4.4 所示为静态转向阻力系数与尼基金公式的对比结果,此时 $\mu_{max} = 0.9$,可见,尽管两者趋势一致,但在数值上还有很大的差异。

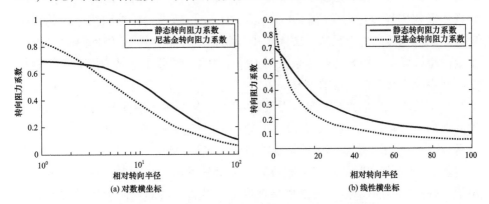

图 4.4 静态转向阻力系数与尼基金公式的对比结果

4.1.3 静态转向阻力系数影响因素分析

由前所述,转向阻力及转向阻力系数受转向半径、地面性质、履带接地压力大小及分布、履带板结构及形状以及履带车辆转向车速等影响。下面将分析地面摩擦系数 μ、土壤剪切模量 K 以及车速 v 对转向阻力系数的影响。

图 4.5 所示为地面摩擦系数对转向阻力系数的影响,从图中看出,随着地面摩擦系数的增大,转向阻力系数有逐渐增大的趋势,并且这种增大趋势在转向半径越小时越显著,图 4.5 中还给出了尼基金模型的计算结果,由尼基金模型计算得到的转向阻力系数与不同摩擦系数下的转向阻力系数曲线在不同半径段均存在一定的差异。

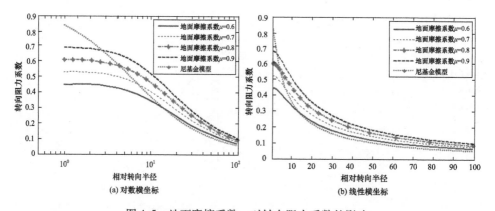

图 4.5 地面摩擦系数 μ 对转向阻力系数的影响

图 4.6 所示为土壤剪切模量对转向阻力系数的影响,从图 4.6 中看出,履带车辆的转向阻力系数有随着土壤剪切模量 K 的增加而逐渐减小的趋势,土壤剪切模量 K 对中等转向半径(相对半径 $\rho \in [10,60]$)范围内转向阻力系数的影响更显著地增大转向阻力系数。图 4.6 中还给出了尼基金模型的计算结果,由尼基金模型计算得到的转向阻力系数与不同土壤剪切模量下的转向阻力系数曲线在不同半径段均存在一定的差异。

图 4.7 所示为车速对转向阻力系数的影响,从图 4.7 中看出,随着转向时车速的增加,转向阻力系数有逐渐减小的趋势,并且这种趋势在转向半径越小时越显著,这主要是由于随着车速的增加或者转向半径的减小,转向离心力的影响越来越显著,使得转向时的总阻力矩及阻力系数显著减小引起的。图 4.7 中还给出了尼基金模型的计算结果,由尼基金模型计算得到的转向阻力系数与不同车速下的转向阻力系数曲线在不同半径段均存在一定的差异。

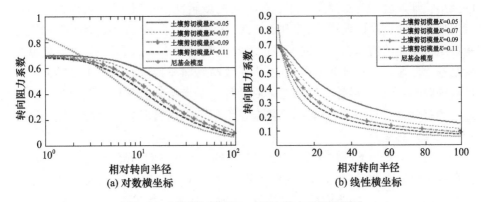

图4.6 土壤剪切模量K对转向阻力系数的影响

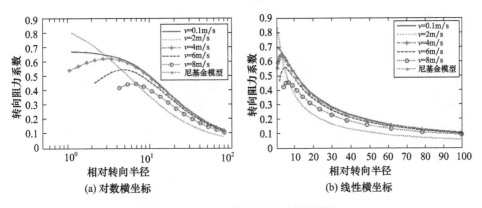

图4.7 车速v对转向阻力系数的影响

4.1.4 静态转向阻力系数模型参数修正

如前所述,尼基金模型用式(4.2)表示了转向阻力系数与转向半径的相互关系,该模型中的参数、制动转向时的转向阻力系数μ_{max}以及常数a经常由试验数据得到,本节基于履带车辆不同行驶车速下的转向阻力矩计算结果,采用曲线拟合及参数估计的方法对尼基金模型中的两个未知参数进行估计,给出了不同行驶车速下静态转向阻力系数、尼基金模型以及尼基金参数修正模型曲线的对比结果,同时还给出了不同车速下尼基金拟合模型的表达式。

图4.8~图4.12分别表示不同车速下的转向阻力矩曲线对尼基金模型系数进行修正前后的曲线对比结果。从拟合结果来看,在低速情况下,修正后的尼基金模型与静态转向阻力系数具有很好的一致性,但是随着车速的提高,修正后的尼基金模型与静态转向阻力系数的差异越来越大,并且这种差异随着转向半径

的减小更加显著。这主要是由于在高速转向或转向半径很小时,转向离心力对转向阻力矩的贡献逐渐增大,有利于转向,从而使得总的转向阻力矩及转向阻力系数随着车速的增加以及转向半径的减小呈现出减小的趋势,而尼基金模型主要是基于低速试验测试数据得到的,无法反映转向车速以及离心力对转向阻力系数的影响。因而,尽管经过修正之后的尼基金模型与静态模型转向阻力系数之间的差异有所减小,但是要将尼基金模型用于高速转向时转向阻力矩的计算仍存在较大的差异。

由表4.1可知不同转向车速下的静态转向阻力矩随半径的变化关系曲线以及尼基金模型表达式(4.2),采用曲线拟合的方式,识别得到 μ_{max} 和 a,从表4.1中的数据可以看出,在不同转向车速下,常数 a 基本保持不变,而制动转向阻力系数 μ_{max} 变化较大,并大体呈现出随着车速的增加,制动转向阻力系数 μ_{max} 逐渐减小的趋势。

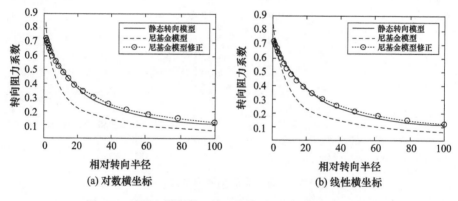

图4.8　尼基金模型修正前后曲线对比(车速 $v=0.1\text{m/s}$)

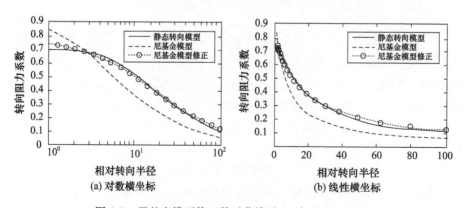

图4.9　尼基金模型修正前后曲线对比(车速 $v=2\text{m/s}$)

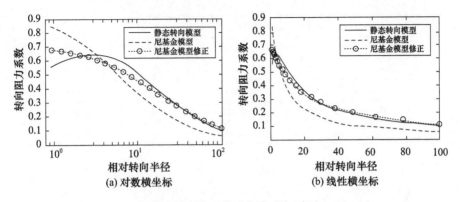

图 4.10　尼基金模型修正前后曲线对比（车速 $v=4\text{m/s}$）

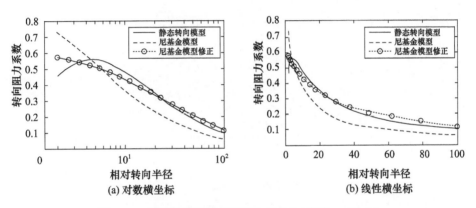

图 4.11　尼基金模型修正前后曲线对比（车速 $v=6\text{m/s}$）

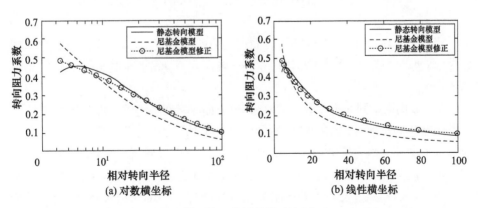

图 4.12　尼基金模型修正前后曲线对比（车速 $v=8\text{m/s}$）

表 4.1　不同转向车速下的静态转向阻力修正系数

车速 v/(m/s)	制动转向阻力系数 μ_{max}	常数 a
0.1	0.749	0.947
2.0	0.758	0.946
4.0	0.693	0.949
6.0	0.607	0.959
8.0	0.579	0.949

不同转向车速下,当取 $\mu_{max}=0.9$ 时,经修正的转向阻力系数尼基金模型表达式如式(4.8)所示。根据式(4.8),可以快速计算履带车辆在不同转向车速及半径转向时转向阻力矩的大小。

$$\mu_w = \begin{cases} \dfrac{0.832\mu_{max}}{0.9735+0.053\rho}, & v \in (0,1) \\ \dfrac{0.842\mu_{max}}{0.973+0.054\rho}, & v \in (1,3) \\ \dfrac{0.77\mu_{max}}{0.9745+0.051\rho}, & v \in (3,5) \\ \dfrac{0.674\mu_{max}}{0.9795+0.041\rho}, & v \in (5,7) \\ \dfrac{0.643\mu_{max}}{0.9745+0.051\rho}, & v \in (7,9) \end{cases} \quad (4.8)$$

4.2　动态转向阻力系数分析及模型修正

当履带车辆低速滑移转向时,转向离心力的影响可以忽略,但是当履带车辆以中、高速转向或者小半径转向时,在进行转向动力学分析时应到考虑转向离心力的影响。

4.1 节根据不同车速下转向阻力矩与转向半径的对应关系,采用曲线拟合的方法对不同车速下尼基金模型的参数进行了估计,从而得到了可用于不同车速范围下的转向阻力系数模型。从参数拟合的效果来看,低速情况下尼基金模型与转向阻力系数曲线拟合较好,而当转向速度越高时,拟合效果越差,这主要是由于尼基金模型只反映了转向阻力系数与转向半径的对应关系,而无法反映车速引起的惯性力的影响。本节将对既考虑转向半径又考虑转向离心力影响的转向阻力系数动态模型进行推导。

4.2.1 动态转向阻力系数模型

如前所述,当考虑履带车辆转向时离心力的影响时,总的转向阻力矩 M_μ 的表达式为

$$M_\mu = M_{\mu 2} + M_{\mu 1} - (R' + c_y)\frac{GDv^2}{gR^2} \tag{4.9}$$

式中:右侧前两项为两侧履带转向阻力矩的和,即不考虑转向离心力时的转向阻力矩。由之前的分析可知,两侧履带的转向阻力矩主要随着转向半径的增大而呈现逐渐衰减的趋势,因而可将 $M_{\mu 2}$、$M_{\mu 1}$ 表示为转向半径倒数 $\frac{1}{R}$ 的函数,即 $M_{\mu 2} \sim f\left(\frac{1}{R}\right)$、$M_{\mu 1} \sim f\left(\frac{1}{R}\right)$,因而当不考虑转向离心力影响时,可以认为转向阻力矩及阻力系数只和转向半径有关,可以表示为转向半径倒数的表达式,即可采用式(4.2)或式(4.3)的表达式,可用 $\mu_w = \dfrac{\mu_{\max}}{a + (1-a)(\rho + 1/2)}$ 来表示。

而式(4.9)右侧第三项不仅与转向时的转向半径有关,还与转向时的车速有关,即反映转向时离心力的影响,表达式 $(R' + c_y)\dfrac{GDv^2}{gR^2}$ 中的 $R' + c_y$ 与 R 量纲相同,因而该部分可以表示为 $(R' + c_y)\dfrac{GDv^2}{gR^2} \sim f\left(\dfrac{v^2}{R}\right)$,即表示为 $\dfrac{v^2}{R}$ 的函数。

因而,考虑转向离心力影响时,总的转向阻力系数可以表示为

$$\begin{aligned}\mu_w &= 4\frac{M_\mu}{GL} \\ &= \frac{4(M_{\mu 2} + M_{\mu 1})}{GL} - \frac{4(R' + c_y)D}{LR}\frac{v^2}{gR} \\ &= f\left(\frac{1}{R}\right) + f\left(\frac{v^2}{gR}\right) \end{aligned} \tag{4.10}$$

式中:右侧第一项仍可用经典尼基金表达式来表示,而右侧第二项可以表示为 $K_e \dfrac{v^2}{gR}$。因而式(4.10)可以表示为如下更加具体的表达式:

$$\begin{aligned}\mu_w &= f\left(\frac{1}{R}\right) + f\left(\frac{v^2}{gR}\right) \\ &= \frac{b\mu_{\max}}{a + (1-a)(\rho + 1/2)} + K_e\frac{v^2}{g\rho}\end{aligned} \tag{4.11}$$

式中:b、a 称为静态阻力修正系数;K_e 称为动态阻力修正系数。b、a 以及 K_e 均

为待定系数,需根据转向阻力矩计算结果来确定。

4.2.2 动态转向阻力系数分析计算

根据式(4.10)计算了履带车辆转向阻力系数随转向半径以及车速的变化关系。图 4.13 所示为转向阻力系数变化关系曲面,可以看出,总体而言,转向阻力系数有随着转向半径以及转向时车速的增大呈逐渐减小的趋势。但在高速转向时,转向阻力系数随着转向半径的增大先逐渐增大,而后当转向半径到一定值时,转向阻力系数再逐渐减小,这主要是由于在高速小半径转向时,转向离心力的影响非常显著,使得此时车辆上受到的总转向阻力矩显著变小,有利于车辆的转向。

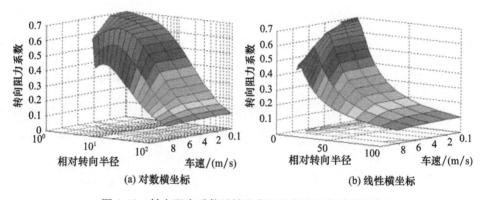

(a) 对数横坐标　　　　　　(b) 线性横坐标

图 4.13　转向阻力系数随转向半径及车速变化关系曲面

当取 $b=1,a=0.85$ 时,式(4.11)简化为

$$\mu_w = \frac{\mu_{max}}{0.925 + 0.15\rho} + K_e \frac{v^2}{g\rho} \tag{4.12}$$

式中:右侧第一项即为尼基金转向阻力系数模型;右侧第二项为考虑转向速度的修正项。根据式(4.12),取 $\mu_{max}=0.9$,计算履带车辆的转向阻力系数随转向半径及转向时车速的变化关系。

分析研究了 K_e 取不同值时的转向阻力系数,图 4.14~图 4.18 所示为 K_e 分别取 -0.4、-0.2、0、0.2、0.4 等不同值时,转向阻力系数 μ_w 随转向半径及车速的变化关系曲面。

从图 4.14~图 4.15 中可以看出,当 K_e 取负值时,随着转向车速的增加,转向阻力系数越来越小,并且在高速转向时($v>4\text{m/s}$),转向阻力系数随着转向半径的增大,先增加后减小,与图 4.13 的变化趋势一致,反映了转向离心力对转向的助力作用。

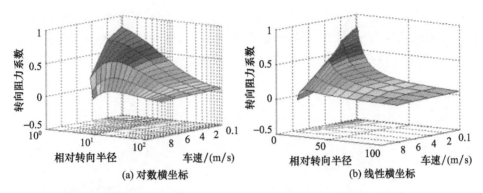

图 4.14 $K_e = -0.4$ 时转向阻力系数随转向半径及车速变化关系曲面

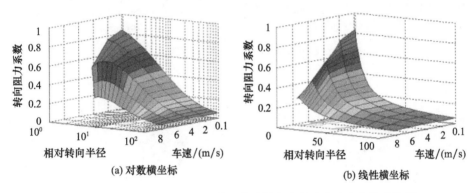

图 4.15 $K_e = -0.2$ 时转向阻力系数随转向半径及车速变化关系曲面

从图 4.16 中可以看出,当取 $K_e = 0$ 时,式(4.12)中的右侧第二项等于 0,此时该公式与经典尼基金模型一致,即转向阻力系数只与转向半径有关,而与转向时的车速无关,无法体现转向离心力的影响,图 4.16 中的趋势也清楚地反映了这一点。

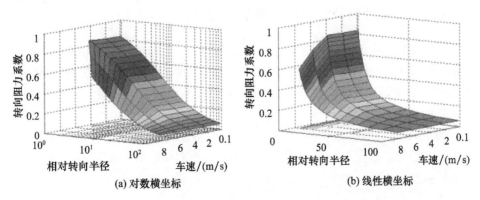

图 4.16 $K_e = 0$ 时转向阻力系数随转向半径及车速变化关系曲面

从图4.17、图4.18中可以看出,当K_e取正值时,随着转向车速的增加,转向阻力系数越来越大,并且在高速转向时($v > 4\text{m/s}$),这与图4.13的变化趋势不一致,此时表示转向离心力对转向的阻力作用与实际情况不符。

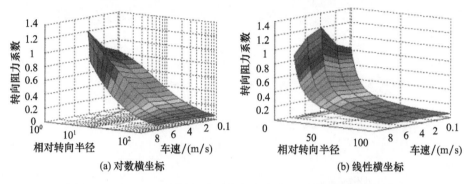

图4.17　$K_e = 0.2$时转向阻力系数随转向半径及车速变化关系曲面

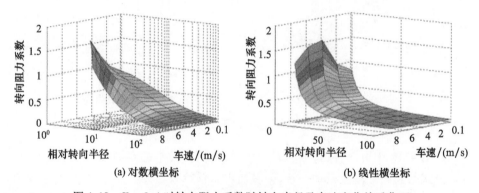

图4.18　$K_e = 0.4$时转向阻力系数随转向半径及车速变化关系曲面

4.2.3　动态转向阻力系数模型参数修正

采用参数识别的方法,根据由稳态转向动力学模型计算得到的转向阻力系数随转向半径以及车速的曲面进行了动态转向阻力系数模型参数的识别。图4.19所示为识别后动态转向阻力系数的曲面,从曲面的形式看,与图4.13具有很好的一致性。

图4.20所示为经参数修正后的误差曲面,可以看出,经修正后,动态转向阻力系数与原始系数曲面的最大误差小于0.05,具有很好的一致性,表明修正结果的可信度。

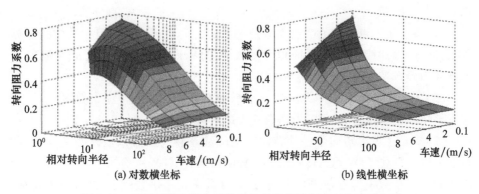

图 4.19 修正后转向阻力系数随转向半径及车速变化关系曲面

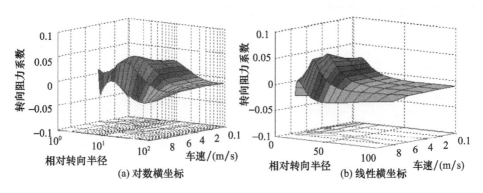

图 4.20 修正后的误差曲面

表 4.2 所列为动态转向阻力系数模型的修正系数。

表 4.2 动态转向阻力系数模型的修正系数

制动转向阻力系数 μ_{max}	静态阻力修正系数 a	动态阻力修正系数 K_e
0.780	0.941	-0.122

当取 $\mu_{max}=0.9$ 时,得到动态转向阻力系数的表达式为

$$\mu_w = \frac{0.867\mu_{max}}{0.9705 + 0.059\rho} - 0.122\frac{v^2}{g\rho} \tag{4.13}$$

根据式(4.13),可以快速计算履带车辆以不同转向车速及半径转向时转向阻力矩的大小。

 4.3 本章小结

本章进行了高速履带车辆转向时转向阻力系数的计算及模型参数估计。主

要研究内容如下。

(1) 提出了不考虑离心力影响以及考虑离心力影响时转向阻力系数的计算方法,计算了两种情况下的转向阻力系数,并分析研究了摩擦系数 μ、土壤剪切模量 K 以及车速对转向阻力系数的影响。

(2) 采用了参数识别的方法估计了静态转向阻力系数模型参数,得到了对应于不同车速下,静态转向阻力系数的表达式。

(3) 提出了考虑转向半径及转向车速的动态转向阻力系数模型,探讨了动态阻力修正系数 K_e 对动态转向阻力系数的影响,同样采用参数拟合的方式对动态转向阻力系数模型参数进行识别,并对参数识别结果进行了对比,结果表明,经识别后的动态转向阻力系数曲面与经由稳态转向阻力矩计算得到的转向阻力矩曲面具有很好的一致性,表明了计算结果的可信度。

第5章 高速履带车辆最小理论转向半径分析

与轮式车辆使用转向机构使转向轮相对于车辆纵轴线偏转一定角度,从而实现车辆转向不同,履带车辆的转向主要是通过两侧主动轮的不同驱动转速,使得两侧履带具有一定的线速度差来实现转向。由于轮式和履带式车辆转向原理之间的差异以及履带与地面之间的接触面积较大、车辆重心低,履带车辆很难会出现像轮式车辆在转向过程中引起侧翻的问题。在履带车辆高速转向稳定性方面的研究相对较少。

履带车辆高速转向时,会产生很大的离心力,车速越高,离心力越大,当车速高到一定程度时,由于离心力的影响,履带车辆将产生滑移。履带车辆不稳定转向工况是指履带车辆在转向时受履带与地面滑动和离心力等因素影响,无法维持期望的稳定半径转向,转向半径、横摆角速度和质心侧偏角等运动参数迅速变化,车辆以较大的侧向速度向外"旋出"。在不稳定转向工况下,履带车辆转向可控性降低,驾驶安全难以保证。因此,为了实现履带车辆高速行驶时的转向稳定性控制,确保车辆的行驶安全性,迫切需要对履带车辆高速行驶时的转向稳定性进行研究,找出履带车辆的运动参数和转向稳定性之间的相互关系,确定履带车辆高速转向时的稳定性阈值,为实现高速转向的稳定性控制方法研究和控制系统设计提供依据。

5.1 高速履带车辆转向运动仿真

根据建立的高速履带车辆转向运动学和动力学仿真模型,仿真计算转向时车速、路面附着条件以及转向半径对稳定域边界的影响。对于履带车辆来说,地面附着系数为 0.9 对应着良好附着路面(如粗糙水泥路面、柏油铺装路、固结良好的砂石路面),地面附着系数为 0.7 对应着中等附着路面(如松软砂石路、砂土路等),地面附着系数为 0.5 对应着低附着路面(如冰雪路面、冰层覆盖水泥路面等)。车辆行驶速度范围为 $4\sim20\mathrm{m/s}(14.4\sim72\mathrm{km/h})$,几乎涵盖了履带车辆高速转向时的车速范围。所取的理论转向半径范围也根据输出结果涵盖了车辆稳定转向、车辆过渡转向和车辆失稳转向的范围。所用车辆建模参数如表 5.1 所列。

表 5.1 履带车辆建模参数表

序号	参数	符号	单位	数值
1	车质量	m	kg	35000
2	车辆重心高度	h	m	1.1
3	履带中心距	B	m	2.684
4	履带接地长	L	m	4.669
5	车辆绕 z 轴转动惯量	Izz	kg·m^2	151821

以下仅列出了良好路面部分高速转向工况下的仿真结果。

图 5.1~图 5.3 所示为履带车辆在附着系数为 0.9 的良好附着路面条件下，以车速 20m/s，理论转向半径为 59.644m 转向时(两侧履带的线速度速度:高速侧车速为 20.45m/s,低速侧车速为 19.55m/s)的仿真结果。

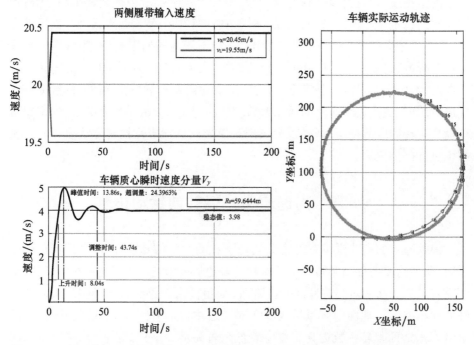

图 5.1 两侧履带输入速度、车辆质心瞬时横向速度分量、车辆实际运动轨迹(高速工况一)

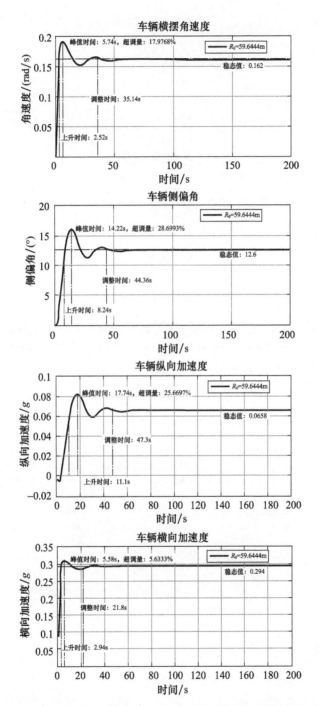

图 5.2 车辆横摆角速度、车辆侧偏角、车辆纵向和横向加速度(高速工况一)

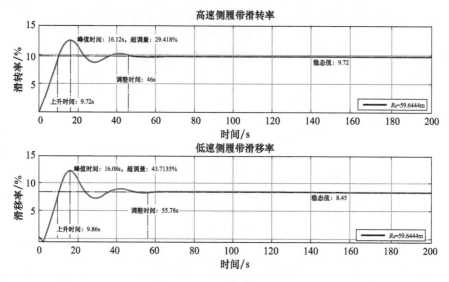

图 5.3　两侧履带滑转率和滑移率(高速工况一)

图 5.4～图 5.6 所示为履带车辆在附着系数为 0.9 的良好附着路面条件下，以车速为 20m/s，理论转向半径为 48.8m 转向时(两侧履带的线速度速度：高速侧车速为 20.55m/s，低速侧车速为 19.45m/s)的仿真结果。

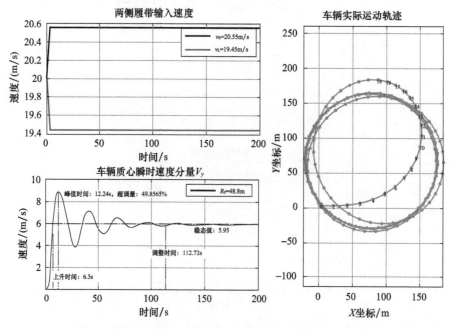

图 5.4　两侧履带输入速度、车辆质心瞬时横向速度分量、车辆实际运动轨迹(高速工况二)

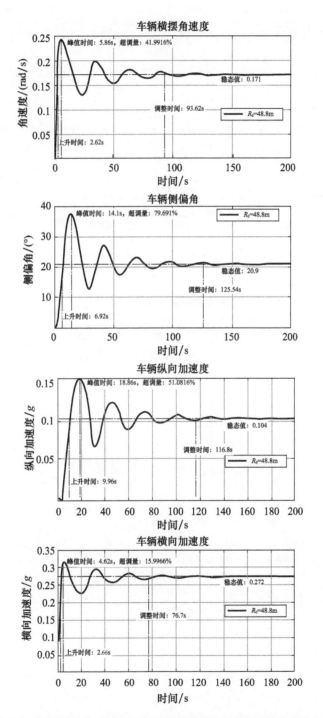

图 5.5 横摆角速度、侧偏角、车辆纵向和横向加速度(高速工况二)

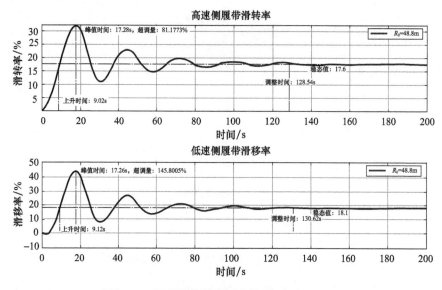

图 5.6　两侧履带滑转率和滑移率（高速工况二）

图 5.7~图 5.9 为履带车辆在附着系数为 0.9 的良好附着路面条件下，以车速为 20m/s，理论转向半径为 38.343m 转向时（两侧履带的线速度速度：高速侧车速为 20.7m/s，低速侧车速为 19.3m/s）的仿真结果。

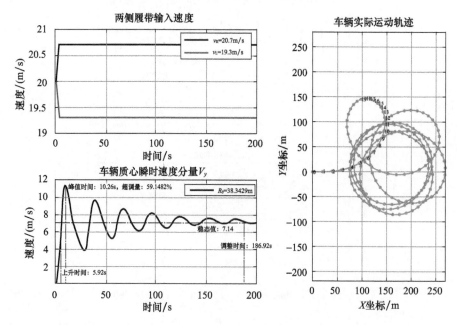

图 5.7　两侧履带输入速度、车辆质心瞬时横向速度分量、车辆实际运动轨迹（高速工况三）

第5章 高速履带车辆最小理论转向半径分析 | 73

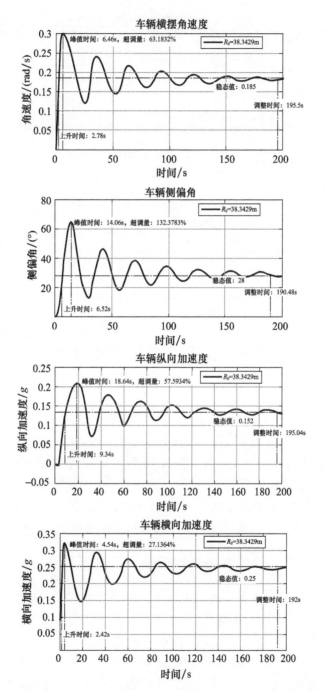

图 5.8 车辆横摆角速度、车辆侧偏角、车辆纵向和横向加速度(高速工况三)

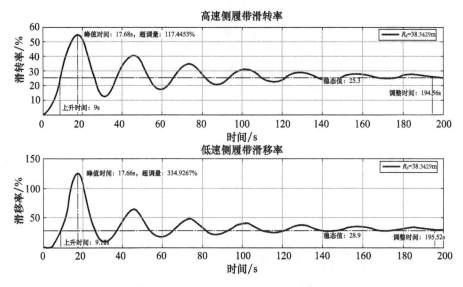

图 5.9　两侧履带滑转率和滑移率（高速工况三）

5.2　典型工况运动状态对比分析

5.2.1　典型稳定可控工况转向特征分析

图 5.10～图 5.12 为某一转向稳定可控工况的计算结果，在该工况下，车辆质心瞬时速度分量、车辆质心横摆角速度、车辆质心纵向和横向加速度等曲线均有较小的振荡（甚至没有），车辆质心侧偏角一般小于 20°，两侧履带的滑转率一般小于 20%；同时，车辆的实际运动轨迹为一个规则的圆形，因此，在该工况下，车辆能够实现稳定可控的转向。因此，把这一类典型工况定义为稳定可控的转向工况。

5.2.2　典型失稳工况转向特征分析

图 5.13～图 5.15 为某一转向失稳工况的计算结果，车辆质心瞬时速度分量、车辆质心横摆角速度、车辆质心纵向和横向加速度等曲线均反映出明显的振荡衰减特征，需要经过较长的时间才能达到稳定状态（有时甚至持续振荡，无法达到稳定状态），超调量一般大于 40%，车辆质心侧偏角一般大于 30°，两侧履带的滑转率/滑移率一般大于 40%；同时，车辆的实际运动轨迹反映转向过程中两侧履带打滑非常严重，出现完全打滑状态，驾驶员失去对车辆运动状态的控制。因此，把这一类典型工况定义为完全失稳的转向工况。

第 5 章　高速履带车辆最小理论转向半径分析

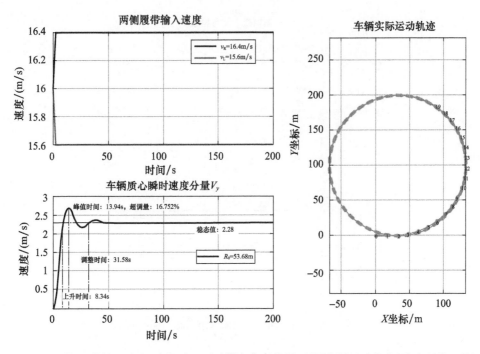

图 5.10　两侧履带输入速度、车辆质心瞬时横向速度分量、车辆实际运动轨迹（稳定可控工况）

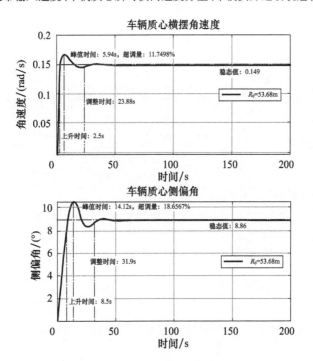

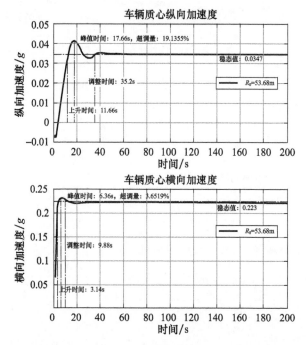

图 5.11 车辆质心横摆角速度、车辆质心侧偏角、车辆质心纵向和横向加速度(稳定可控工况)

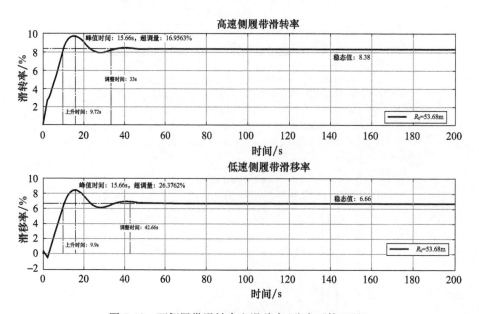

图 5.12 两侧履带滑转率和滑移率(稳定可控工况)

第5章 高速履带车辆最小理论转向半径分析

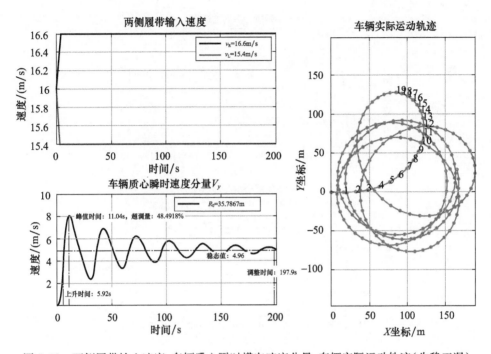

图5.13 两侧履带输入速度、车辆质心瞬时横向速度分量、车辆实际运动轨迹（失稳工况）

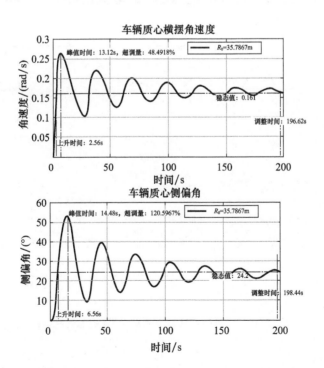

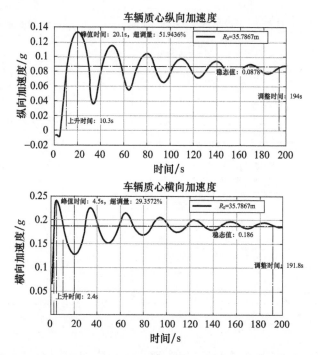

图 5.14 车辆质心横摆角速度、车辆质心侧偏角、车辆质心纵向和横向加速度(失稳工况)

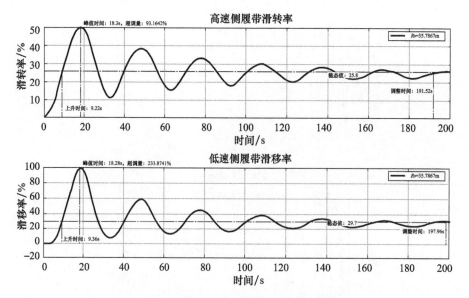

图 5.15 两侧履带滑转率和滑移率(失稳工况)

5.2.3 临界工况转向特征分析

图 5.16 ~ 图 5.18 为某一临界工况的计算结果,临界状态位于典型稳定可控状态和完全失稳状态中间,在该状态下,车辆质心侧偏角一般为 20°~35°,两侧履带的滑转率/滑移率一般为 20%~40%;同时,车辆的实际运动轨迹反应转向过程中两侧履带出现较严重的打滑,驾驶员失去对车辆的部分控制。因此,把这一类典型工况定义为临界状态。

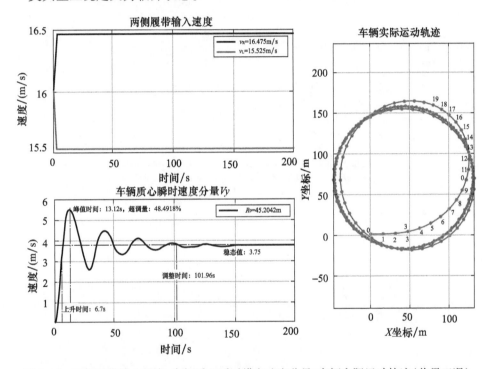

图 5.16 两侧履带输入速度、车辆质心瞬时横向速度分量、车辆实际运动轨迹(临界工况)

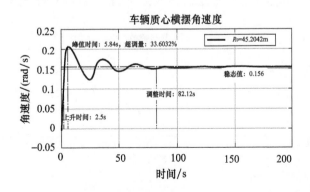

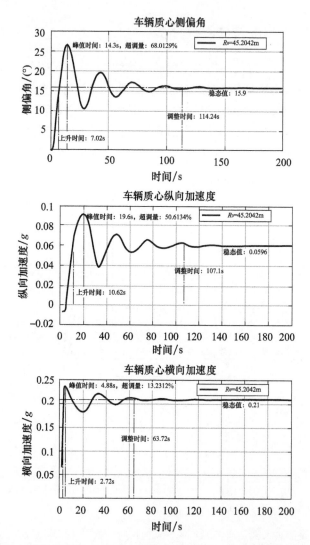

图 5.17 车辆质心横摆角速度、车辆质心侧偏角、车辆质心纵向和横向加速度(临界工况)

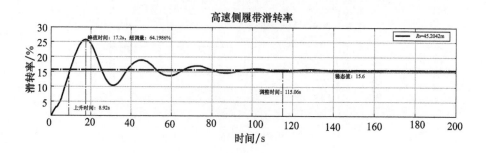

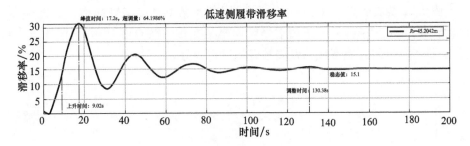

图 5.18 两侧履带滑转率和滑移率(临界工况)

5.3 典型转向运动状态判据分析

5.3.1 良好附着地面工况运动参数规律分析

图 5.19 所示为在良好附着地面工况下(附着系数 0.9),质心瞬时速度横向分量 V_y 超调量、调整时间/上升时间、稳态值等随转向半径变化的散点图分布,从图 5.19 中很难对可控区域、过渡区域以及失控区域进行划分。

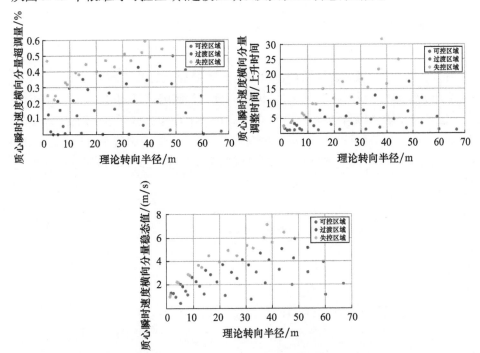

图 5.19 质心瞬时速度横向分量各指标随转向半径的散点分布图(良好附着)

图 5.20 为在良好附着地面工况下（附着系数 0.9），车辆横摆角速度超调量、调整时间/上升时间、稳态值等随转向半径变化的散点图分布，从图 5.20 中很难对可控区域、过渡区域以及失控区域进行划分。

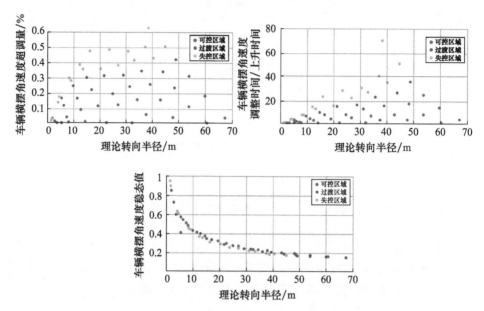

图 5.20　车辆横摆角速度各指标随转向半径的散点分布图（良好附着）

图 5.21 为在良好附着地面工况下（附着系数 0.9），车辆侧偏角超调量、调整时间/上升时间、稳态值以及峰值等随转向半径变化的散点图分布，从图 5.21 中前 3 个指标很难对可控区域、过渡区域以及失控区域进行划分。

但是从车辆侧偏角的峰值来看，在所有转向半径和车速下转向时，当车辆侧偏角位于 0°~20°区间时，车辆处于转向可控区域；当车辆侧偏角位于 20°~40°区间时，车辆处于中间过渡区域；当车辆侧偏角 >40°区间时，车辆处于转向失控区域。

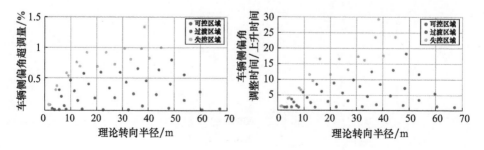

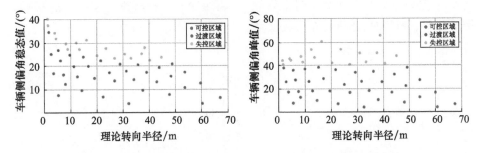

图 5.21 车辆侧偏角各指标随转向半径的散点分布图(良好附着)

图 5.22 和图 5.23 为在良好附着地面工况下(附着系数 0.9),车辆纵向加速度和横向加速度超调量、调整时间/上升时间、稳态值等随转向半径变化的散点图分布,从图中很难对可控区域、过渡区域以及失控区域进行划分。

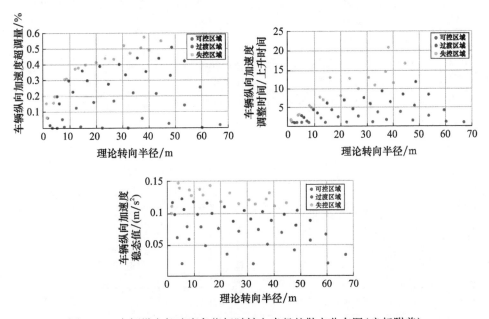

图 5.22 车辆纵向加速度各指标随转向半径的散点分布图(良好附着)

图 5.24 为在良好附着地面工况下(附着系数 0.9),高速侧履带滑转率和低速侧履带滑移率等随转向半径变化的散点图分布。

从图 5.24 中看出,除转向半径较小时外,高速侧履带滑转率和低速侧履带滑移率也能大致区分出转向的可控区域、过渡区域和失控区域,当高速侧履带滑转率位于 0~17% 区间,低速侧履带滑移率位于 0~18% 区间时,车辆处于转向可控区域;当高速侧履带滑转率位于 17%~34% 区间,低速侧履带滑移率位于

18%~45%区间时,车辆处于过渡区域;当高速侧履带滑转率>35%,低速侧履带滑移率>45%时,车辆处于失控区域。

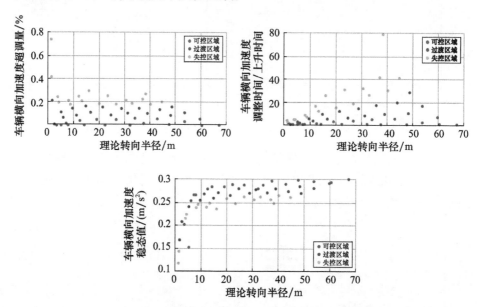

图5.23 车辆横向加速度各指标随转向半径的散点分布图(良好附着)

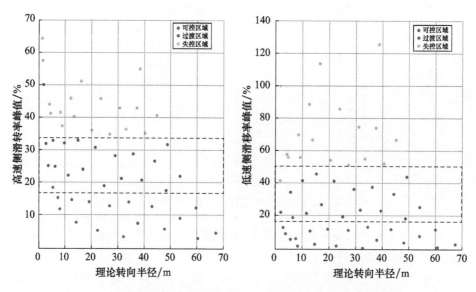

图5.24 两侧履带滑转滑移率随转向半径的散点分布图(良好附着)

5.3.2 中等附着地面工况运动参数规律分析

图 5.25 为在中等附着地面工况下(附着系数 0.7),质心瞬时速度横向分量 V_y 超调量、调整时间/上升时间、稳态值等随转向半径变化的散点图分布,从图 5.25 中很难对可控区域、过渡区域以及失控区域进行划分。

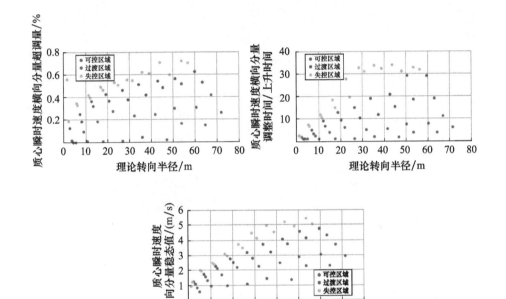

图 5.25 质心瞬时速度横向分量各指标随转向半径的散点分布图(中等附着)

图 5.26 为在中等附着地面工况下(附着系数 0.7),车辆横摆角速度超调量、调整时间/上升时间、稳态值等随转向半径变化的散点图分布,从图 5.26 中很难对可控区域、过渡区域以及失控区域进行划分。

图 5.27 为在中等附着地面工况下(附着系数 0.7),车辆侧偏角超调量、调整时间/上升时间、稳态值以及峰值等随转向半径变化的散点图分布,从图 5.27 中前 3 个指标很难对可控区域、过渡区域以及失控区域进行划分。

但是从车辆侧偏角的峰值来看,在所有转向半径和车速下转向时,当车辆侧偏角位于 0°~20°区间时,车辆处于转向可控区域;当车辆侧偏角位于 20°~35°区间时,车辆处于过渡区域;当车辆侧偏角 >35°时,车辆处于失控区域。

图 5.28 和图 5.29 为在中等附着地面工况下(附着系数 0.7),车辆纵向加速度和横向加速度超调量、调整时间/上升时间、稳态值等随转向半径变化的散点图分布,从图 5.28 和图 5.29 中很难对可控区域、过渡区域以及失控区域进行划分。

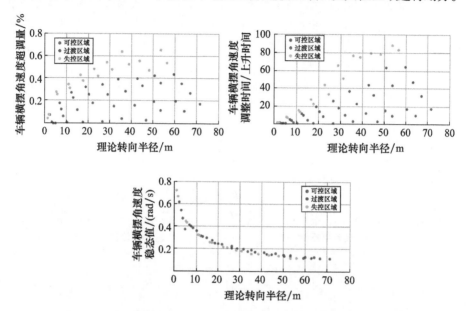

图 5.26　车辆横摆角速度各指标随转向半径的散点分布图(中等附着)

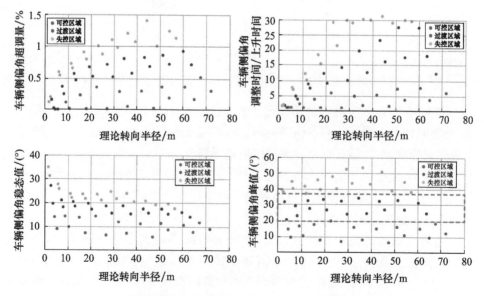

图 5.27　车辆侧偏角各指标随转向半径的散点分布图(中等附着)

第5章 高速履带车辆最小理论转向半径分析

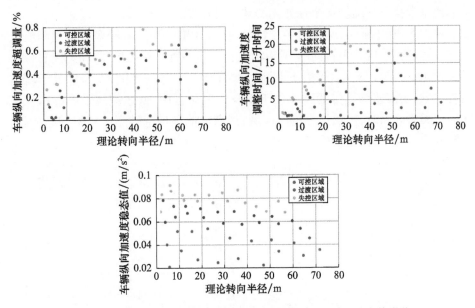

图 5.28　车辆纵向加速度各指标随转向半径的散点分布图（中等附着）

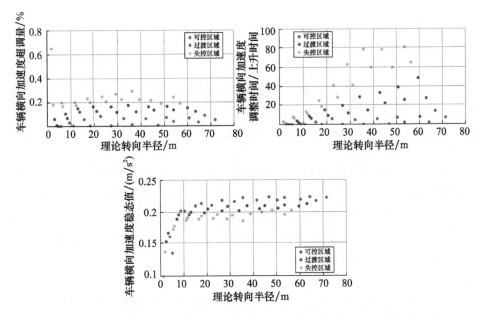

图 5.29　车辆横向加速度各指标随转向半径的散点分布图（中等附着）

图5.30 为在中等附着地面工况下(附着系数0.7),高速侧履带滑转率和低速侧履带滑移率等随转向半径变化的散点图分布。

从图5.30中看出,除转向半径较小时外,高速侧履带滑转率和低速侧履带滑移率也能大致区分出转向的可控区域、过渡区域和失控区域,当高速侧履带滑转率位于0~20%区间,低速侧履带滑移率位于0~20%区间时,车辆处于转向可控区域;当高速侧履带滑转率位于20%~35%区间,低速侧履带滑移率位于20%~48%区间时,车辆处于过渡区域;当高速侧履带滑转率>35%,低速侧履带滑移率>48%时,车辆处于失控区域。

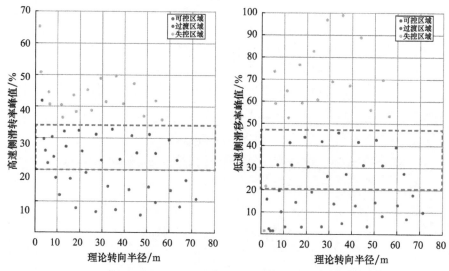

图5.30 两侧履带滑转滑移率随转向半径的散点分布图(中等附着)

5.3.3 低附着地面工况运动参数规律分析

图5.31 为在低附着地面工况下(附着系数0.5),质心瞬时速度横向分量V_y超调量、调整时间/上升时间、稳态值等随转向半径变化的散点图分布,从图5.31中很难对可控区域、过渡区域以及失控区域进行划分。

图5.32 为在低附着地面工况下(附着系数0.5),车辆横摆角速度超调量、调整时间/上升时间、稳态值等随转向半径变化的散点图分布,从图5.32中很难对可控区域、过渡区域以及失控区域进行划分。

图5.33 为在低附着地面工况下(附着系数0.5),车辆侧偏角超调量、调整时间/上升时间、稳态值以及峰值等随转向半径变化的散点图分布,图5.33中前3个指标很难对可控区域、过渡区域以及失控区域进行划分。

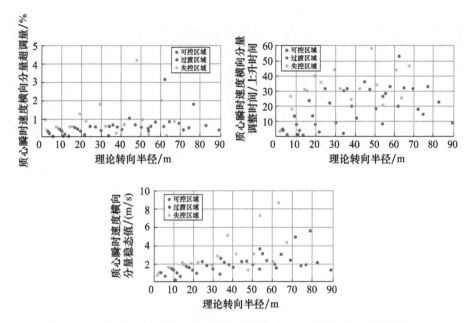

图 5.31 质心瞬时速度横向分量各指标随转向半径的散点分布图(低附着)

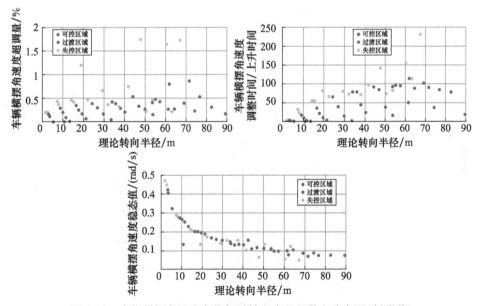

图 5.32 车辆横摆角速度各指标随转向半径的散点分布图(低附着)

但是从车辆侧偏角的峰值来看,在所有转向半径和车速下转向时,当车辆侧偏角位于 0°~18°区间时,车辆处于转向可控区域;当车辆侧偏角位于 18°~30°区间时,车辆处于过渡区域;当车辆侧偏角 >30°时,车辆处于失控区域。

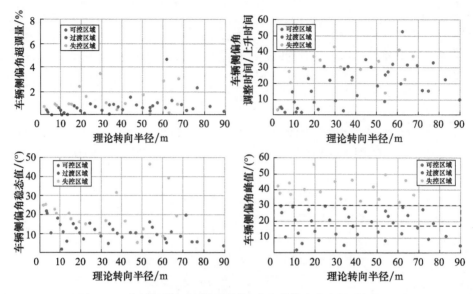

图5.33 车辆侧偏角各指标随转向半径的散点分布图(低附着)

图 5.34 和图 5.35 为在低附着地面工况下(附着系数 0.5),车辆纵向加速度和横向加速度超调量、调整时间/上升时间、稳态值等随转向半径变化的散点图分布,从图 5.34 和图 5.35 中很难对可控区域、过渡区域以及失控区域进行划分。

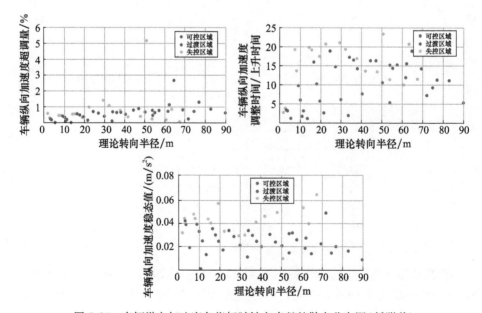

图 5.34 车辆纵向加速度各指标随转向半径的散点分布图(低附着)

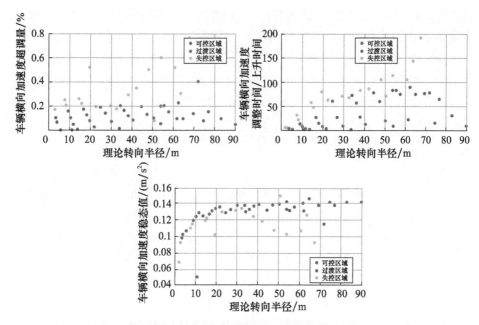

图 5.35　车辆横向加速度各指标随转向半径的散点分布图（低附着）

图 5.36 所示为在低附着地面工况下（附着系数 0.5），高速侧履带滑转率和低速侧履带滑移率等随转向半径变化的散点图分布。

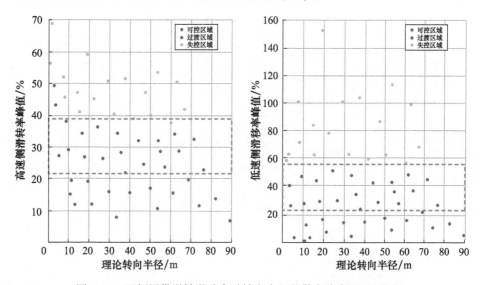

图 5.36　两侧履带滑转滑移率随转向半径的散点分布图（低附着）

从图 5.36 中看出，除转向半径较小时外，高速侧履带滑转率和低速侧履带滑移率也能大致区分出转向的可控区域、过渡区域和失控区域。当高速侧履带滑转率位于 0~22% 区间,低速侧履带滑移率位于 0~22% 区间时,车辆处于转向可控区域;当高速侧履带滑转率位于 22%~48% 区间,低速侧履带滑移率位于 22%~58% 区间时,车辆处于中间临界区域;当高速侧履带滑转率大于 48%,低速侧履带滑移率大于 58% 时,车辆处于转向失稳区域。

5.3.4 转向运动状态判据及理论转向半径边界

根据转向运动学参数随转向半径变化规律的散点图分析结果可以看出,按照转向稳定性的可控区域、过渡区域以及失控区域所区分的车辆质心瞬时速度横向分量、车辆横摆角速度、车辆纵向加速度和横向加速度等参数均随着转向车速和转向半径发生较大的变化,因此无法作为转向运动状态判据。而只有车辆侧偏角的峰值能够根据车辆侧偏角峰值的变化范围区分车辆转向稳定性的可控区域、过渡区域和失控区域。同样,采用两侧履带的滑转滑移率能够在除了转向半径很小的范围外,作为区分转向运动状态。

因此,综合上文分析结果来看,采用履带车辆转向侧偏角作为转向运动状态判据参数,采用两侧履带的滑转和滑移率作为辅助判据。根据仿真计算和分析结果,表 5.2 给出了在不同路面附着条件下,可控区域、过渡区域和失控区域的判断阈值。

表 5.2 转向稳定性判据阈值

路面	判据参数	可控区域	过渡区域	失控区域
良好附着路面	车辆侧偏角/(°)	0~20	20~40	>40
	高速侧履带滑转率/%	0~17	17~34	>35
	低速侧履带滑移率/%	0~18	18~45	>45
中等附着路面	车辆侧偏角/(°)	0~20	20~35	>35
	高速侧履带滑转率/%	0~20	20~35	>35
	低速侧履带滑移率/%	0~20	20~48	>48
低附着路面	车辆侧偏角/(°)	0~18	18~30	>30
	高速侧履带滑转率/%	0~22	22~48	>48
	低速侧履带滑移率/%	0~22	22~58	>58

根据上文各工况下统计计算结果分析,并经过数据插值运算等,得到了对应

不同地面附着条件,不同车速下转向时的可控区域转向半径、过渡区域转向半径和失控区域转向半径的变化范围。

表 5.3 中为在良好附着地面工况下(附着系数 0.9)下,不同车速下转向时可控区域转向半径、过渡区域转向半径和失控区域转向半径的变化范围。

表 5.3 可控区域、过渡区域和失控区域转向半径变化范围(地面附着系数 0.9)

序号	车速/(m/s)	可控区域转向半径范围/m	过渡区域转向半径范围/m	失控区域转向半径范围/m
1	4	>3.235	3.235~1.59	<1.59
2	6	>7.09	7.09~4.775	<4.775
3	8	>12.28	12.28~9.22	<9.22
4	10	>18.61	18.61~14.47	<14.47
5	12	>25.775	25.775~20.4	<20.4
6	14	>33.35	33.35~26.92	<26.92
7	16	>41.3	41.3~33.75	<33.75
8	18	>49.3	49.3~40.65	<40.65
9	20	>57.5	57.5~47.7	<47.7

图 5.37 为良好附着地面工况(附着系数 0.9)下,转向可控区域、过渡区域和失控区域范围。

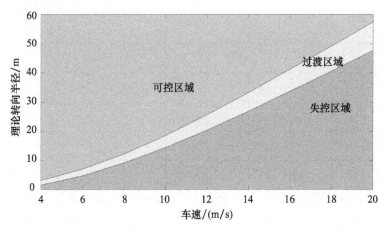

图 5.37 可控区域、过渡区域和失控区域转向半径变化范围(附着系数 0.9)

表 5.4 中所列为中等附着地面工况(附着系数 0.7)下,不同车速下转向时的可控区域转向半径、过渡区域转向半径和失控区域转向半径的变化范围。

表 5.4　可控区域、过渡区域和失控区域转向半径变化范围(地面附着系数 0.7)

序号	车速/(m/s)	可控区域转向半径范围/m	过渡区域转向半径范围/m	失控区域转向半径范围/m
1	4	>3.78	3.78~2.16	<2.16
2	6	>8.43	8.43~6.65	<6.65
3	8	>14.765	14.765~12.22	<12.22
4	10	>22.27	22.27~18.79	<18.79
5	12	>30.57	30.57~26.09	<26.09
6	14	>39.35	39.35~33.91	<33.91
7	16	>48.24	48.24~41.89	<41.89
8	18	>57.13	57.13~49.91	<49.91
9	20	>65.93	65.93~57.89	<57.89

图 5.38 为中等附着地面工况(附着系数 0.7)下,转向可控区域、过渡区域和失控区域范围。

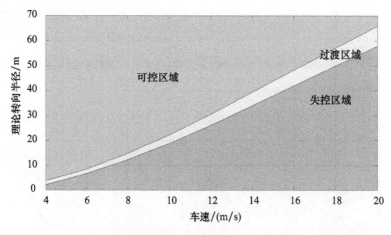

图 5.38　可控区域、过渡区域和失控区域转向半径变化范围(附着系数 0.7)

表 5.5 所列为低附着地面工况(附着系数 0.5)下,不同车速下转向时的可控区域转向半径、过渡区域转向半径和失控区域转向半径的变化范围。

表 5.5　可控区域、过渡区域和失控区域转向半径变化范围(地面附着系数 0.5)

序号	车速/(m/s)	可控区域转向半径范围/m	过渡区域转向半径范围/m	失控区域转向半径范围/m
1	4	>4.52	4.52~3.125	<3.125
2	6	>10.515	10.515~8.85	<8.85

续表

序号	车速/(m/s)	可控区域转向半径范围/m	过渡区域转向半径范围/m	失控区域转向半径范围/m
3	8	>18.465	18.465~15.995	<15.995
4	10	>27.63	27.63~24.345	<24.345
5	12	>37.57	37.57~33.39	<33.39
6	14	>47.76	47.76~42.81	<42.81
7	16	>57.94	57.94~52.24	<52.24
8	18	>67.62	67.62~61.38	<61.38
9	20	>77.33	77.33~70.4	<70.4

图 5.39 为低附着地面工况（附着系数 0.5）下，转向可控区域、过渡区域和失控区域范围。

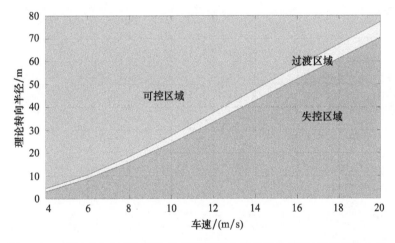

图 5.39 可控区域、过渡区域和失控区域转向半径变化范围（附着系数 0.5）

5.4 本章小结

基于建立的高速履带车辆转向动力学仿真模型，以地面附着参数和转向车速、转向比等转向操纵条件为输入，计算在不同地面附着条件和转向操纵输入工况下，履带车辆的瞬态转向输出特性。根据履带车辆的转向运动现象，将履带车辆的转向运动状态区分为可控区域、过渡区域以及失控区域，得到了对应不同车速、不同地面条件的最小理论转向半径在 3 种转向运动状态下的变化区间范围。采用履带车辆转向侧偏角作为转向运动状态判据参数，并分析得到相关阈值。

(1) 在良好附着地面转向工况(附着系数 0.9),当车辆侧偏角位于 0°~20°区间时,车辆处于转向可控区域;当车辆侧偏角位于 20°~40°区间时,车辆处于过渡区域;当车辆侧偏角 >40°时,车辆处于失控区域。

(2) 在中等附着地面转向工况(附着系数 0.7),当车辆侧偏角位于 0°~20°区间时,车辆处于转向可控区域;当车辆侧偏角位于 20°~35°区间时,车辆处于过渡区域;当车辆侧偏角 >35°时,车辆处于失控区域。

(3) 在低附着地面转向工况(附着系数 0.5),当车辆侧偏角位于 0°~18°区间时,车辆处于转向可控区域;当车辆侧偏角位于 18°~30°区间时,车辆处于过渡区域;当车辆侧偏角 >30°时,车辆处于失控区域。

第6章 高速履带车辆转向试验

6.1 高速履带车辆转向试验

为了对履带车辆的转向动力学模型进行校验,组织实施了某高速履带车辆砂土路面以及水泥路面两种路面条件,多个转向工况下(不同半径、不同车速)的转向特性试验。依据两种试验路面条件下的测试数据,对转向动力学模型进行验证。试验过程中记录车辆两侧主动轮转速、传动装置输出轴的转速和转矩、车辆的航向角、行驶轨迹、车速、车辆的纵向加速度、横向加速度、油门踏板开度信号和方向盘转角信号等操作输入信号。试验过程中所采用的试验车辆、仪器设备和传感器、行驶条件等如图6.1~图6.3所示。

图6.1中传动装置两侧输出轴的转速和转矩是利用安装在输出轴上的存储式转速、转矩测试装置来测取的;两侧主动轮的转速是利用在主动轮上安装的光电传感器测得的;车辆的运行轨迹、行驶速度以及航向角等参数是由高精度的GPS系统测取的。该GPS系统包括移动站和基准站两部分,其中安装在被测试车辆上的移动站包括:APAN惯导测试单元、接收机(内含GPS接收板卡、数传电台模块、DC稳压电源模块等)、GPS接收天线、电台天线、24VDC电池等,基准站是由接收机(内含GPS接收板卡、数传电台模块、ARM控制单元、DC稳压电源模块等)、GPS接收天线、数传电台天线、24VDC电池和笔记本电脑等组成,基准站安放在能够与移动站通视的地面上。

(a) 主动轮转速测量传感器

(b) 测量航向角的数字罗盘

(c) 数据采集系统　　　　　　　　(d) 输出转矩测量装置

(e) GPS移动站分系统　　　　　　(f) GPS基准站分系统

图 6.1　实车试验测试设备

图 6.2　水泥路面履带车辆转向试验

图 6.3　砂土路面履带车辆转向试验

图 6.4 给出了履带车辆在水泥硬地面上转向时转向角速度、两侧主动轮转速以及转化得到的履带的牵引力、制动力随时间变化的测试结果。

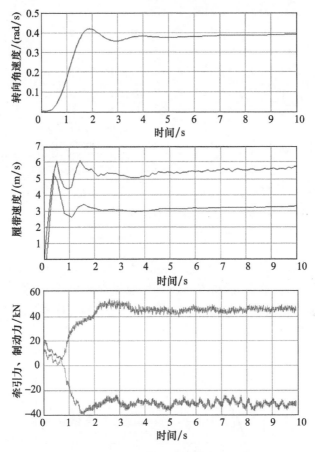

图 6.4　转向过程部分参数测量结果

6.2　高速履带车辆转向动力学模型验证

6.2.1　砂土路面履带车辆动力学模型验证

根据履带车辆在砂土路面行驶时,测试得到的实车道路试验数据,对履带车辆动力学模型进行验证。图 6.5 为根据试验测试得到了履带车辆两侧主动轮的转速,该转速是在履带车辆在砂土路面以 3 档低速转向时的两侧主动轮转速。在进行履带车辆动力学仿真计算和模型标定时,为了确保模型的输入条件和试验条件的一致性,将履带车辆两侧主动轮的转速作为履带车辆模型计算的输入条件。

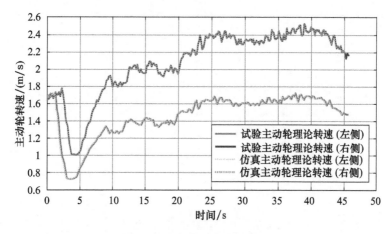

图 6.5　两侧主动轮理论转速

图 6.6 为履带车辆在砂土路面行驶时的车辆实际运动轨迹和仿真计算轨迹。从图 6.6 中可以看出,履带车辆试验测试转向半径为 11.55m;根据仿真计算结果拟合得到的履带车辆的转向半径为 11.53m,仿真计算结果和试验结果之间非常接近。

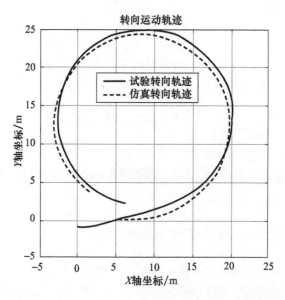

图 6.6　砂土路面 3 档低速转向运动仿真与试验轨迹

图 6.7 ~ 图 6.8 为履带车辆砂土路面 3 档低速转向时,车辆质心的纵向速度和质心纵向加速度试验与仿真曲线。车辆质心纵向速度试验结果的均方根值为 6.4134km/h;车辆质心纵向速度仿真结果的均方根值为 6.4032km/h,两者之间的相对误差为 0.16%。车辆质心纵向加速度试验结果的均方根值为 0.3743m/s^2;对应的仿真结果的均方根值为 0.424m/s^2,两者之间的相对误差为 13.28%。

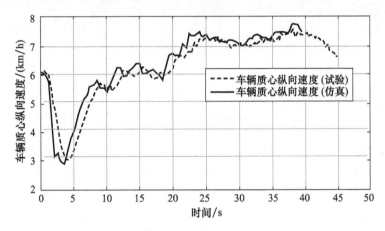

图 6.7　车辆质心纵向速度试验与仿真结果

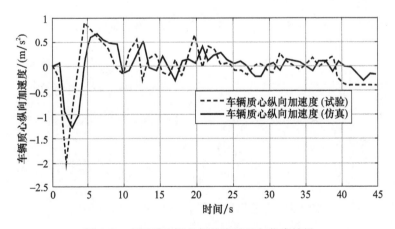

图 6.8　车辆质心纵向加速度试验与仿真结果

图 6.9 为履带车辆砂土路面 3 档低速转向时,车辆横摆角速度的试验与仿真曲线。车辆横摆角速度试验结果的均方根值为 0.5739 rad/s;对应仿真结果的均方根值为 0.6152 rad/s,两者之间的相对误差为 7.20%。

图 6.10 为履带车辆砂土路面 3 档低速转向时,车辆两侧主动轮转矩的试验与仿真曲线。车辆右侧主动轮转矩试验结果的均方根值为 59.0827kN·m;对应

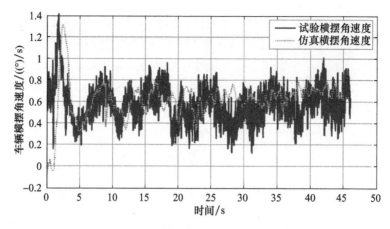

图 6.9 车辆横摆角速度试验与仿真结果

仿真计算右侧主动轮转矩均方根值为 57.7434kN·m, 两者之间的相对误差为 2.27%。车辆左侧主动轮转矩试验结果的均方根值为 -37.5694kN·m; 对应仿真计算左侧主动轮转矩均方根值为 -38.1339kN·m, 两者之间的相对误差为 1.50%。

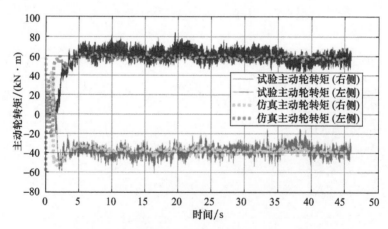

图 6.10 车辆两侧主动轮转矩试验与仿真结果

6.2.2 硬质路面履带车辆动力学模型验证

1）低速行驶工况

根据履带车辆在硬质路面行驶时, 测试得到的实车道路试验数据, 对履带车辆动力学模型进行验证。图 6.11 为根据试验测试得到了履带车辆两侧主动轮的转速, 该转速是在履带车辆在硬质路面以 3 档低速转向时的两侧主动轮转速。

在进行履带车辆动力学仿真计算和模型标定时，为了确保模型的输入条件和试验条件的一致性，将履带车辆两侧主动轮的转速作为履带车辆模型计算的输入条件。

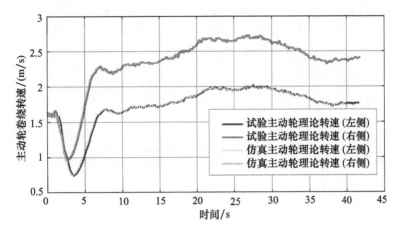

图 6.11　两侧主动轮理论转速

图 6.12 为履带车辆在硬质路面行驶时的车辆实际运动轨迹和仿真计算轨迹。从图 6.12 中可以看出，履带车辆试验测试转向半径为 13.53m；根据仿真计算结果拟合得到的履带车辆的转向半径为 13.78m，仿真计算结果和试验结果之间非常接近。

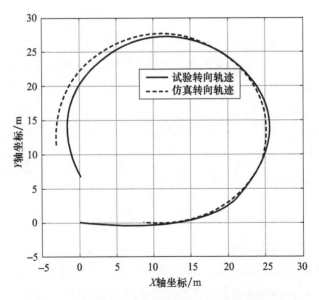

图 6.12　硬质路面 3 档低速转向运动仿真与试验轨迹

图 6.13 ~ 图 6.14 为履带车辆硬质路面 3 档低速转向时,车辆质心的纵向速度和质心纵向加速度试验与仿真曲线。车辆质心纵向速度试验结果的均方根值为 7.398km/h;车辆质心纵向速度仿真结果的均方根值为 7.3578km/h,两者之间的相对误差为 0.54%。车辆质心纵向加速度试验结果的均方根值为 0.4956m/s^2;对应的仿真结果的均方根值为 0.5622m/s^2,两者之间的相对误差为 13.44%。

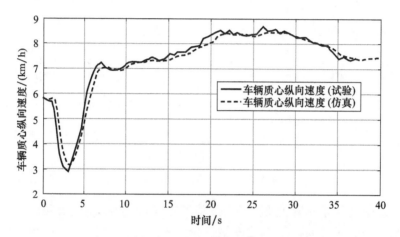

图 6.13　车辆质心纵向速度试验与仿真结果

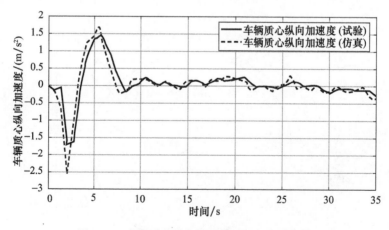

图 6.14　车辆质心纵向加速度试验与仿真结果

图 6.15 为履带车辆硬质路面 3 档低速转向时,车辆横摆角速度的试验与仿真曲线。车辆横摆角速度试验结果的均方根值为 0.1232 rad/s;对应仿真结果的均方根值为 0.1272 rad/s,两者之间的相对误差为 3.25%。

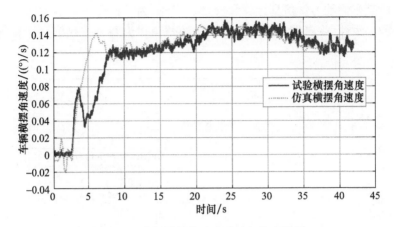

图 6.15 车辆横摆角速度试验与仿真结果

图 6.16 为履带车辆硬质路面 3 档低速转向时,车辆两侧主动轮转矩的试验与仿真曲线。车辆右侧主动轮转矩试验结果的均方根值为 60.2361kN·m;对应仿真计算右侧主动轮转矩均方根值为 62.9231kN·m,两者之间的相对误差为 4.46%。车辆左侧主动轮转矩试验结果的均方根值为 −42.6712kN·m;对应仿真计算左侧主动轮转矩均方根值为 −40.9207kN·m,两者之间的相对误差为 4.10%。

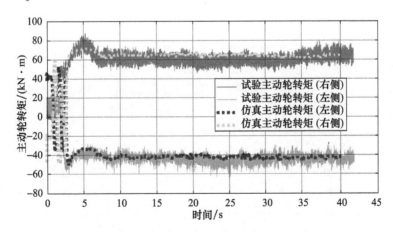

图 6.16 车辆两侧主动轮转矩试验与仿真结果

2) 高速行驶工况

根据履带车辆在硬质路面行驶时,测试得到的实车道路试验数据,对履带车辆动力学模型进行验证。图 6.17 为根据试验测试得到了履带车辆两侧主动轮的转速,该转速是在履带车辆在硬质路面以 3 档高速转向时的两侧主动轮转速。

在进行履带车辆动力学仿真计算和模型标定时,为了确保模型的输入条件和试验条件的一致性,将履带车辆两侧主动轮的转速作为履带车辆模型计算的输入条件。

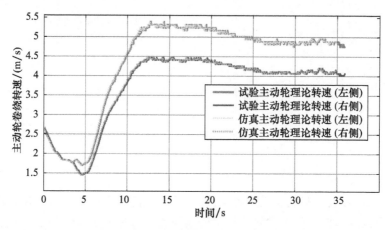

图 6.17　两侧主动轮理论转速

图 6.18 为履带车辆在硬质路面高速转向行驶时的车辆实际运动轨迹和仿真计算轨迹。从图 6.18 中可以看出,履带车辆试验测试转向半径为 23.17m;根据仿真计算结果拟合得到的履带车辆的转向半径为 23.82m,仿真计算结果和试验结果之间非常接近。

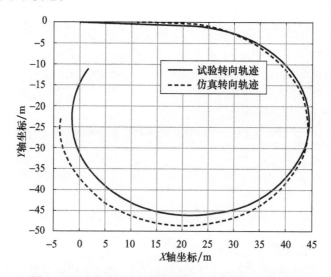

图 6.18　硬质路面 3 档高速转向运动仿真与试验轨迹

图 6.19～图 6.20 为履带车辆硬质路面 3 档高速转向时,车辆质心的纵向速

度和质心纵向加速度试验与仿真曲线。车辆质心纵向速度试验结果的均方根值为 14.9418km/h;车辆质心纵向速度仿真结果的均方根值为 15.0048km/h,两者之间的相对误差为 0.42%。车辆质心纵向加速度试验结果的均方根值为 0.8804m/s^2;对应的仿真结果的均方根值为 1.0066m/s^2,两者之间的相对误差为 14.33%。

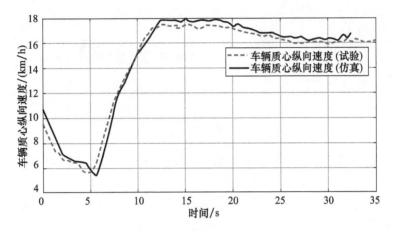

图 6.19 车辆质心纵向速度试验与仿真结果

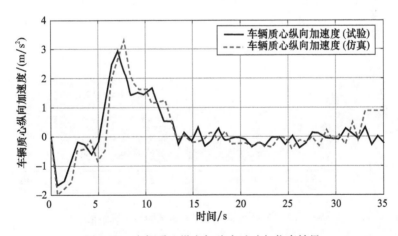

图 6.20 车辆质心纵向加速度试验与仿真结果

图 6.21 为履带车辆硬质路面 3 档高速转向时,车辆横摆角速度的试验与仿真曲线。车辆横摆角速度试验结果的均方根值为 0.1441 rad/s;对应仿真结果的均方根值为 0.1493 rad/s,两者之间的相对误差为 3.61%。

图 6.22 为履带车辆硬质路面 3 档高速转向时,车辆两侧主动轮转矩的试验与仿真曲线。车辆右侧主动轮转矩试验结果的均方根值为 53.86kN·m;对应仿

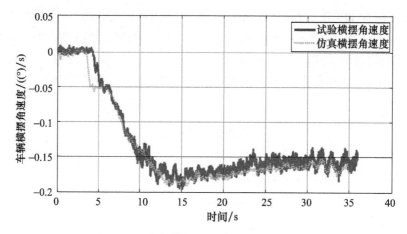

图 6.21 车辆横摆角速度试验与仿真结果

真计算右侧主动轮转矩均方根值为 55.21kN·m,两者之间的相对误差为 2.51%。车辆左侧主动轮转矩试验结果的均方根值为 -28.32kN·m;对应仿真计算左侧主动轮转矩均方根值为 -32.02kN·m,两者之间的相对误差为 13.06%。

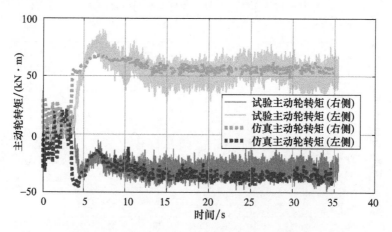

图 6.22 车辆两侧主动轮转矩试验与仿真结果

表 6.1 给出了履带车辆动力学模型标定结果对照。通过对履带车辆不同行驶路面条件、不同使用工况下的实车道路测试以及对应工况的仿真计算。对履带车辆的质心纵向速度、纵向加速度、横摆角速度、以及两侧主动轮输出力矩的仿真计算结果进行了验证。结果表明,在各个工况下,仿真计算结果和试验测试结果之间具有很好的一致性。满足标定后的模型仿真结果与试验结果的偏差在 15% 以内的指标要求。

表 6.1 模型标定参数对照表

序号	参数	单位	砂土路 3 档低速		相对误差 %	水泥路 3 档低速		相对误差 %	水泥路 3 档高速		相对误差 %
			试验	仿真		试验	仿真		试验	仿真	
1	质心纵向速度	km/h	6.4134	6.4032	−0.16	7.398	7.3578	−0.54	14.9418	15.005	0.42
2	质心纵向加速度	m/s²	0.3743	0.424	13.28	0.4956	0.5622	13.44	0.8804	1.0066	14.33
3	车辆横摆角速度	rad/s	0.5739	0.6152	7.20	0.1232	0.1272	3.25	0.1441	0.1493	3.61
4	左侧主动轮扭矩	kN·m	−37.569	−38.134	1.50	−42.6712	−40.921	−4.10	53.86	55.21	2.51
5	右侧主动轮扭矩	kN·m	59.083	57.7434	−2.27	60.2361	62.9231	4.46	−28.32	−32.02	13.06

6.3 履带车辆转向特性参数测试方法

6.3.1 转向半径修正系数

履带车辆实际转向半径由 GPS 测试数据计算得到,转向轨迹横、纵坐标的计算公式为

$$\begin{cases} X_{i+1} = X_i + \dfrac{V_{G_i}}{f_G} \cdot \cos(\pi - \psi_i) \\ Y_{i+1} = Y_i + \dfrac{V_{G_i}}{f_G} \cdot \sin(\pi - \psi_i) \end{cases} \quad (i = 1, 2, \cdots, n) \quad (6.1)$$

式中:V_{G_i} 为 GPS 测试数据移动站安装点处的车辆行驶速度,m/s;ψ_i 表示航向角坐标,°;f_G 为 GPS 测试数据数据采样频率,Hz;下标 i 表示第 i 个测试数据;n 为测试数据点数。

采用最小二乘圆拟合法进行转向轨迹的圆拟合,得到的拟合圆半径即为 GPS 测试装置移动站安装点到车辆瞬时转向中心的距离 R,具体步骤如下。

设近似圆弧的每段圆弧圆心坐标为 (A, C),半径为 R,圆弧与非圆曲线上各点 (x_i, y_i) 的偏差值 $e_i (i = 1, 2, \cdots, n)$ 为

$$e_i = (A - x_i)^2 + (C - y_i)^2 - R^2 \tag{6.2}$$

则非圆曲线上 n 个点的偏差值的平方和 E 表达如下

$$E = \sum_{i=1}^{n} [(A - x_i)^2 + (C - y_i)^2 - R^2]^2 \tag{6.3}$$

为使 E 达到最小值,取 E 对 A、C、R 的偏导数等于零,展开为

$$\begin{cases} \sum_{i=1}^{n}[(A-x_i)^3] + \sum_{i=1}^{n}[(A-x_i)(C-y_i)^2] - R^2 \sum_{i=1}^{n}(A-x_i) = 0 \\ \sum_{i=1}^{n}[(C-y_i)^3] + \sum_{i=1}^{n}[(A-x_i)^2(C-y_i)] - R^2 \sum_{i=1}^{n}(C-y_i) = 0 \\ \left[\sum_{i=1}^{n}(A-x_i)^2 + \sum_{i=1}^{n}(C-y_i)^2\right] - nR^2 = 0 \end{cases} \tag{6.4}$$

联立求解出 A、C 和 R。

如图 6.23 所示,履带车辆的实际转向半径 R_S 和实际相对转向半径 ρ_S 表示为

$$\begin{cases} R_S = \sqrt{R^2 - d_1^2} - d_2 \\ \rho_S = \dfrac{\sqrt{R^2 - d_1^2} - d_2}{B} \end{cases} \tag{6.5}$$

式中:d_1、d_2 分别为 GPS 测试数据移动站安装点距车辆几何中心的纵向和横向距离;B 为履带中心距。

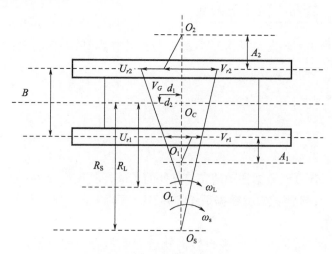

图 6.23 车辆转向半径计算

设测得的高、低速侧主动轮转速为 Ω_{r2} 和 Ω_{r1},则理论转向半径 R_L 为

$$R_{\mathrm{L}} = \frac{B}{2} \cdot \frac{\Omega_{r1} + \Omega_{r2}}{\Omega_{r2} - \Omega_{r1}} \tag{6.6}$$

理论相对转向半径 ρ_{L} 表示为

$$\rho_{\mathrm{L}} = \frac{R_{\mathrm{L}}}{B} = \frac{1}{2} \cdot \frac{\Omega_{r1} + \Omega_{r2}}{\Omega_{r2} - \Omega_{r1}} \tag{6.7}$$

转向半径修正系数 f_ρ 表示实际转向半径与理论转向半径的比值,此时转向半径修正系数为

$$f_\rho = \frac{\rho_{\mathrm{S}}}{\rho_{\mathrm{L}}} \tag{6.8}$$

6.3.2 转向角速度修正系数

实际转向角速度可通过对 GPS 测量数据中航向角求导得到:

$$\omega_{\mathrm{s}} = f_{\mathrm{G}} \frac{\psi_n - \psi_1}{n-1} \frac{\pi}{180} \tag{6.9}$$

式中: ψ_i 表示航向角坐标,°; f_{G} 表示 GPS 测试数据采样频率,Hz; n 表示测试数据点数。

根据主动轮转速可以求得理论转向角速度 ω_{L}:

$$\omega_{\mathrm{L}} = \frac{\Omega_{r2} - \Omega_{r1}}{B} \tag{6.10}$$

转向角速度修正系数 f_ω 表示实际转向角速度与理论转向角速度的比值,转向角速度修正系数为

$$f_\omega = \frac{\omega_{\mathrm{S}}}{\omega_{\mathrm{L}}} \tag{6.11}$$

6.3.3 转向极偏移量

履带车辆转向时的运动学和动力学参数,都与转向时高速侧履带滑转及低速侧履带滑移所引起的横向偏移和车辆转向中心的纵向偏移量有关,并也都可以用这 3 个偏移量表示。这 3 个特征参数综合体现了车辆结构、地面条件及转向状态对车辆转向性能的影响。准确测量履带车辆以稳定转向角速度转向时的 3 个特征参数是从理论上分析车辆转向性能的基础。通过对运动学参数的测量,可以估计转向过程中一些难以测量的动力学参数,这是研究转向极偏移量的最大意义。

(1) 大半径转向时转向极横向偏移量。

可以根据履带车辆的履带中心距、履带车辆转向半径及转向角速度估算高

速侧、低速侧履带转向极横向偏移量 A_2、A_1，其计算公式如下：

$$\begin{cases} A_1 = R_S - \dfrac{B}{2} - \dfrac{\Omega_{r1} r_z}{\omega_S} \\ A_2 = \dfrac{\Omega_{r2} r_z}{\omega_S} - R_S - \dfrac{B}{2} \end{cases} \qquad (6.12)$$

（2）小半径转向时转向极横向偏移量。

当转向半径处于 0 ~ B/2 范围的小半径转向时，两侧履带都处于滑转状态，可以根据式（6.13）计算得到小半径下两侧履带的转向极偏移量：

$$\begin{cases} A_1 = \dfrac{B}{2} - R_S - \dfrac{\Omega_{r1} r_z}{\omega_S} \\ A_2 = \dfrac{\Omega_{r2} r_z}{\omega_S} - R_S - \dfrac{B}{2} \end{cases} \qquad (6.13)$$

（3）转向极纵向偏移量。

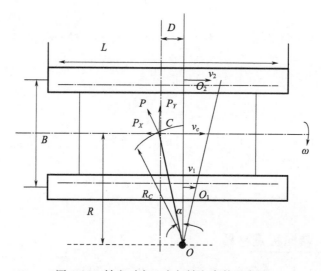

图 6.24　转向时离心力与转向参数示意图

在图 6.24 中，车辆转向引起的离心力为

$$P = (GR\omega^2)/(g \cdot \cos\alpha) \qquad (6.14)$$

由图 6.24 中关系可知：

$$P_y = P\cos\alpha \qquad (6.15)$$

所以车辆转向离心力的横向分力可化为

$$P_y = GR\omega^2/g \qquad (6.16)$$

假设履带接地压力分布均匀，由履带接地段的横向阻力平衡关系近似得到

转向极纵向偏移量为

$$D = \frac{LP_y}{2\varphi G} = \frac{LR\omega_S^2}{2\varphi g} \tag{6.17}$$

式中：φ 为履带与地面间的横向附着系数。

▶ 6.3.4 履带滑转率

依据履带车辆相对转向半径及转向角速度与履带滑转率间的关系式，可以通过测量履带车辆转向过程的实际转向半径及转向角速度的方法来实现对转向时两侧履带滑转率的测试。还可以通过测量转向极偏移量结合相关公式来计算两侧履带的滑转和滑移量，如图 6.25 所示。

1）第一种方法

（1）转向试验中，履带相对车体的卷绕速度 v_2、v_1（即为理论速度）可以通过测得的主动轮转速计算得到；

（2）履带车辆的实际行驶速度可由 GPS + 基站系统测定，高、低速侧车体两侧履带着地段纵向中心线处的牵连速度可以用 GPS 测速装置的安装位置的速度来计算得出；

（3）通过测试履带车辆转向过程的实际转向半径来实现对转向时两侧履带滑动率的计算，即可得到履带的滑转率和滑移率。

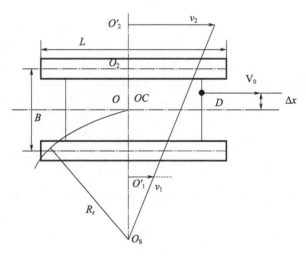

图 6.25　履带滑转率测试原理图

滑动率计算的关系式为

$$\delta_2 = 1 - \frac{R_S + B/2}{R_S + \Delta x} v_0/v_2 \qquad (6.18)$$

$$\delta_1 = 1 - \frac{R_S + \Delta x}{R_S - B/2} v_1/v_0 \qquad (6.19)$$

式中:v_0 为车辆实际速度,m/s;δ_2、δ_1 为高速侧履带的滑转率和低速侧履带的滑移率;Δx 为 GPS 测速装置在车体安装位置距离车体纵向中心线的距离。

2) 第二种方法

测量履带车辆转向过程的实际转向半径、转向角速度、主动轮卷绕速度 v_2、v_1 来实现对转向时两侧履带滑转率的计算。滑转率的计算关系式为

$$\delta_2 = 1 - \omega_S B(\rho_S + 0.5)/v_2 \qquad (6.20)$$

$$\delta_1 = 1 - \omega_S B(\rho_S - 0.5)/v_1 \qquad (6.21)$$

式中:ρ_S 为相对转向半径,$\rho_S = R_S/(B/2)$。

6.4 转向运动学参数测试结果

为了进一步验证转向运动学和动力学模型的准确性,将不同转向半径下的运动学参数和动力学参数进行了对比验证,图 6.26~图 6.29 分别给出了转向半径修正系数、转向角速度修正系数、两侧履带的相对转向极偏移量、履带的滑转率与滑移率关系曲线计算与试验结果的对比。

从图 6.26 和图 6.27 中的结果可见,由于履带的滑动,实际的转向半径是理论转向半径的 1.5 倍左右,履带的滑动使转向角速度有所减小,是理论转向角速度的 65% 左右。图 6.26 和图 6.27 中各个半径下的转向半径修正系数和转向角速度修正系数的计算结果与试验测试结果具有良好的一致性。

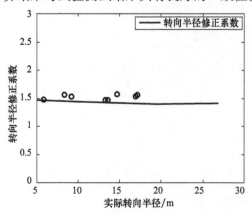

图 6.26 转向半径修正系数的计算与试验结果对比

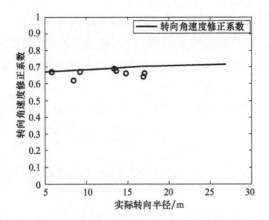

图 6.27 转向角速度修正系数的计算与试验结果对比

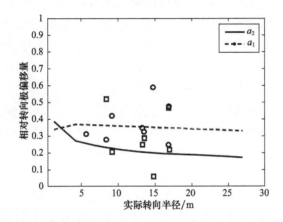

图 6.28 相对转向极偏移量 a_2、a_1 的测试与计算结果对比

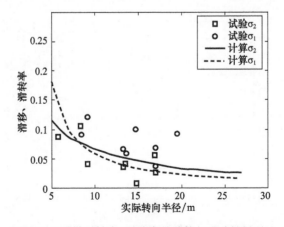

图 6.29 履带滑转率、滑移率的计算与试验结果对比

图 6.28 和图 6.29 给出了两侧履带的相对转向极偏移量和履带滑动率的变化曲线和不同半径下的实验测试结果,从试验结果来看,两侧履带的滑转率、滑移率以及相对转向极偏移量的分布范围较宽,但是试验结果与计算结果变化趋势的一致性较好。

通过以上主要转向运动学参数的对比分析可以看出,文中所建立的转向模型是准确可信的。

6.5 转向动力学参数测试结果

动力学参数验证试验是:车辆在水平沙土铺装硬地面进行连续的不同半径的转向试验,试验过程中测量车辆的行驶速度、两侧履带转速、传动装置输出轴转矩、转速、车辆行驶的航向角等参数,获得一组试验数据。试验数据处理结果表明,这一组试验车速在 0.665~1.025m/s 范围内变化,通过对转向轨迹测量结果的拟合获得一系列稳态转向的转向半径,对应不同转向半径的两侧履带的牵引力、制动力如图 6.30 中各离散点所示。利用所建立的转向模型,计算车速为 1.0m/s 时各转向半径下两侧履带的牵引力、制动力的变化趋势,如图 6.30 中曲线所示,从图 6.30 中的试验测试结果与计算结果的对比来看,两者的变化趋势和量值的大小均有较好的一致性,进一步验证了所建立转向模型的准确性。

另外,从对履带的牵引力、制动力的比较来看,前两组数据的结果也比传统转向理论的计算值偏小 19.0%、22.0%,这主要是由于在滑转状态下转向半径增大造成的。

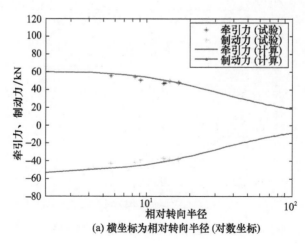

(a) 横坐标为相对转向半径(对数坐标)

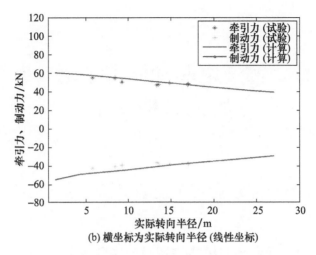

图 6.30　履带牵引力、制动力的试验结果与计算结果对比

6.6　本章小结

本章根据履带车辆实车试验数据对履带车辆转向动力学模型进行了标定。对履带车辆仿真计算和试验测试得到的履带车辆质心纵向速度、质心纵向加速度、车辆横摆角速度、左右侧主动轮扭矩等输出结果进行了对比验证。结果表明，这些参数的仿真和试验结果之间的最大相对误差小于15%，说明履带车辆的动力学仿真模型具有很好的仿真计算精度，能够用于履带车辆转向运动学和动力学性能的准确仿真分析，并为高速电驱履带车辆转向控制提供准确的被控对象模型。文中所计算的转向半径修正系数和转向角速度修正系数与试验结果的一致性表明，文中所建立的修正系数模型是准确的，可以用于实际工程中的参数修正计算和转向机动性评价中。

第7章 高速电驱动履带车辆功率耦合转向机构设计

7.1 高速电驱动履带车辆功率耦合转向机构构型设计

7.1.1 功率耦合转向机构构型设计原则

7.1.1.1 构件组合原则

根据多自由度行星传动基本理论,耦合机构基本构件数量为 $n+p$。其中,n 为耦合机构的自由度数;p 为行星排个数。因此,可以得出分别由2、3、4行星排组成的耦合机构基本构件组成如下:

$$J = \begin{cases} \{\text{Linput}, \text{Rinput}, \text{Loutput}, \text{Routput}\}, & p=2 \\ \{\text{Linput}, \text{Rinput}, \text{Loutput}, \text{Routput}, \alpha\}, & p=3 \\ \{\text{Linput}, \text{Rinput}, \text{Loutput}, \text{Routput}, \alpha, \beta\}, & p=4 \end{cases} \quad (7.1)$$

式中:Linput、Linput、Loutput、Routput 分别为左侧输入构件、右侧输入构件、左侧输出构件、右侧输出构件;α、β 为不承受外力矩的辅助构件。

根据功率耦合机构方案构件完备性、等效性和对称性,建立了适用于耦合机构方案设计的构件组合原则,分别如下。

(1)构件完备性:方案中每个行星排组必须包含所有基本构件,表示为

$$\bigcup_{i=1}^{p} P_i = J \quad (7.2)$$

式中:P_i 为组成第 i 个行星排的3个基本构件所组成的集。

(2)方案等效性:若某个传动方案通过同属性构件名称互换(左侧输入构件与右侧输入构件互换或左侧输出构件与右侧输出构件名称互换)与其他传动方案相同,则它们互为等效方案,只能取其一,其余应淘汰,表示为

$$\forall W_i \mid (\text{Linput} \leftrightarrow \text{Rinput} \lor \text{Loutput} \leftrightarrow \text{Routput}) = W_j, \exists W_i = W_j \quad (7.3)$$

式中:W_i、W_j 分别为任意2个传动方案构件组成的集。

(3)结构对称性:若某个传动方案通过同属性构件名称互换(左侧输入构件

与右侧输入构件名称互换或左侧输出构件与右侧输出构件名称互换),仍然是自身结构,可表示为

$$\begin{cases} \forall W_i \mid (\text{Linput} \leftrightarrow \text{Rinput}) = W_i \\ \forall W_i \mid (\text{Loutput} \leftrightarrow \text{Routput}) = W_i \\ \forall W_i \mid (\text{Linput} \leftrightarrow \text{Rinput} \wedge \text{Loutput} \leftrightarrow \text{Routput}) = W_i \end{cases} \quad (7.4)$$

7.1.1.2 输入输出变换模型

功率耦合机构是二自由度、双输入双输出机构(图7.1),则任意构件的转速都可通过左侧输出构件转速 n_{Loutput} 和右侧输出构件转速 n_{Routput} 线性表示。

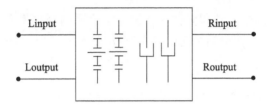

图 7.1 功率耦合机构基本结构

则有

$$\begin{bmatrix} n_{\text{Linput}} \\ n_{\text{Rinput}} \end{bmatrix} = \begin{bmatrix} a & b \\ c & d \end{bmatrix} \times \begin{bmatrix} n_{\text{Loutput}} \\ n_{\text{Routput}} \end{bmatrix} \quad (7.5)$$

由于车辆直线行驶时耦合机构整体回转,即所有构件转速相同,要满足以下约束条件:

$$\begin{cases} a + b = 1 \\ c + d = 1 \end{cases} \quad (7.6)$$

根据上述所建立方程,可进一步明确系数 a、b、c、d 的物理意义。系数 a、c 分别表示为当右侧输出构件制动时,左侧输入构件转速与左侧输出构件转速之比 $n_{\text{Linput}}/n_{\text{Loutput}} \mid n_{\text{Routput}} = 0$、右侧输入构件转速与右侧输出构件转速之比 $n_{\text{Rinput}}/n_{\text{Loutput}} \mid n_{\text{Routput}} = 0$;系数 b、d 分别表示为当左侧输出构件制动时,左侧输入构件转速与左侧输出构件转速之比 $n_{\text{Linput}}/n_{\text{Routput}} \mid n_{\text{Loutput}} = 0$、右侧输入构件转速与右侧输出构件转速之比 $n_{\text{Rinput}}/n_{\text{Routput}} \mid n_{\text{Loutput}} = 0$。

对于没有外力固定支撑的功率耦合机构,作用在耦合机构上外力矩有双侧(左、右)输入构件的驱动力矩 T_{Linput}、T_{Rinput},双侧(左、右)输出构件的负载力矩 T_{Loutput}、T_{Routput}。若不考虑齿轮啮合、轴承和搅油等损失,则由系统能量守恒可以得出:

$$T_{\text{Linput}} n_{\text{Linput}} + T_{\text{Rinput}} n_{\text{Rinput}} + T_{\text{Loutput}} n_{\text{Loutput}} + T_{\text{Routput}} n_{\text{Routput}} = 0 \quad (7.7)$$

将构件转速关系式代入上面能量守恒关系式，推导出转矩关系式：

$$\begin{bmatrix} T_{\text{Loutput}} \\ T_{\text{Routput}} \end{bmatrix} = \begin{bmatrix} -a & -b \\ -c & -d \end{bmatrix} \times \begin{bmatrix} T_{\text{Linput}} \\ T_{\text{Rinput}} \end{bmatrix} \tag{7.8}$$

$$\begin{bmatrix} T_{\text{Linput}} \\ T_{\text{Rinput}} \end{bmatrix} = \begin{bmatrix} \dfrac{d}{a \times d - b \times c} & \dfrac{b}{a \times d - b \times c} \\ \dfrac{c}{a \times d - b \times c} & \dfrac{a}{a \times d - b \times c} \end{bmatrix} \times \begin{bmatrix} T_{\text{Loutput}} \\ T_{\text{Routput}} \end{bmatrix} \tag{7.9}$$

通过上述推导，便可得到式(7.5)、式(7.6)、式(7.8)和式(7.9)组成的双侧输入、输出轴之间的转速、转矩变换模型。

以满足完备性、等效性和对称性的构件组合原则为功率耦合机构的结构组成要求，以双侧输入、输出轴之间的转速、转矩变换模型为运动学、动力学约束要求，寻找具体的双侧电机驱动的耦合机构传动方案简图。

7.1.2 功率耦合转向机构构型设计评价方法

定义 P_{Linput}、P_{Loutput} 分别为传动系统高速侧输入、输出功率，P_{Rinput}、P_{Routput} 分别为传动系统低速侧输入、输出功率。假定右侧为低速侧，当履带车辆转向时，低速侧产生再生功率值即为 $|P_{\text{Routput}}|$，对传动系统来说就成为输入功率。根据式(7.7)有

$$|P_{\text{Routput}}| = P_{\text{Loutput}} - P_{\text{Linput}} - P_{\text{Rinput}} \tag{7.10}$$

对于 P_{Rinput} 可能存在两种状态，低速侧电机处于电动状态，此时低速侧履带转向再生功率完全以机械方式传递到高速侧履带，则 $\lambda = 1$；低速侧电机处于发电状态，则再生功率 $|P_{\text{Routput}}|$ 一部分以机械方式传递到高速侧，一部分通过低速侧电机发电，发电部分功率值为 $|P_{\text{Rinput}}|$，则机械方式回流部分即为 P_{Loutput}、P_{Linput} 之差。

因此，为方便对双侧驱动履带车辆电驱动技术的研究，可建立以低速侧履带再生功率机械回流到高速侧的比率为特征参数，定量地表征转向再生功率的机械回流利用率。其表征模型为

$$\lambda = \dfrac{P_{\text{Loutput}} - P_{\text{Linput}} - P_x}{|P_{\text{Routput}}|} \tag{7.11}$$

式中：P_x 表示为低速侧电机输出的电功率。低速侧电机为电动状态，$P_x = P_{\text{Rinput}}$，如前所述 $\lambda = 1$；低速侧电机为发电状态，可令 $P_x = 0$。因此，$0 \leq \lambda \leq 1$。在耦合机构的作用下 λ 越大，高速侧电机的功率需求就会越小。因此，λ 可以用来评价耦合机构的优劣。

7.1.3 功率耦合转向机构构型选择

以车辆转向低速侧再生功率机械回流到高速侧最高为方案优选目标,依据功率耦合构件组合原则及输入输出变换模型,设计了一个功率耦合机构方案。

从图 7.2 所示传动方案简图可以看出,由 3 个行星排组成的中央的功率耦合机构在结构上符合构件完备性、等效性和对称性的组合原则。为适应电机的转速输入与车辆主动轮转速,还可以在两个电机的输出端对称设计两个减速机构。k_L、k_R、k_O 分别为左右两个普通排及中间的双星复合排的特征参数,且 $k_L = k_R = k_d$,$k_O = 1$。

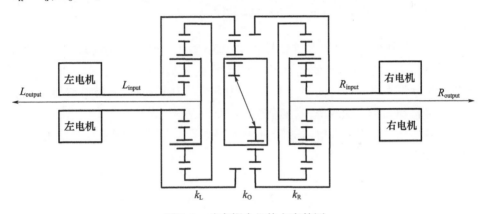

图 7.2 功率耦合机构方案简图

根据行星传动运动学和动力学关系,可得图 7.2 所示的功率耦合机构方案的运动学、动力学关系:

$$\begin{bmatrix} n_{\text{Linput}} \\ n_{\text{Rinput}} \end{bmatrix} = \begin{bmatrix} \dfrac{2+k_d}{2} & -\dfrac{k_d}{2} \\ -\dfrac{k_d}{2} & \dfrac{2+k_d}{2} \end{bmatrix} \times \begin{bmatrix} n_{\text{Loutput}} \\ n_{\text{Routput}} \end{bmatrix} \quad (7.12)$$

$$\begin{bmatrix} T_{\text{Linput}} \\ T_{\text{Rinput}} \end{bmatrix} = \begin{bmatrix} -\dfrac{2+k_d}{2(1+k_d)} & -\dfrac{k_d}{2(1+k_d)} \\ -\dfrac{k_d}{2(1+k_d)} & -\dfrac{2+k_d}{2(1+k_d)} \end{bmatrix} \times \begin{bmatrix} T_{\text{Loutput}} \\ T_{\text{Routput}} \end{bmatrix} \quad (7.13)$$

式(7.12)和式(7.13)符合式(7.5)、式(7.6)、式(7.8)和式(7.9)组成的双侧输入、输出轴之间的转速、转矩变换模型。

7.1.4 双电机独立驱动与双电机耦合驱动对比分析

根据履带车辆转向行驶原理,建立高速侧和低速侧输出轴的转速和转矩模型,并假定左侧为高速侧、右侧为低速侧。

$$\begin{cases} n_a = \left(1 + \dfrac{1}{2\rho}\right)\dfrac{Vi_c}{0.377r} \\ n_b = \left(1 - \dfrac{1}{2\rho}\right)\dfrac{Vi_c}{0.377r} \end{cases} \tag{7.14}$$

$$\begin{cases} T_a = \left(-\dfrac{fmg}{2} - \dfrac{\mu mgL}{4B}\right) \times \dfrac{r}{i_c \eta_c} \\ T_b = \left(-\dfrac{fmg}{2} + \dfrac{\mu mgL}{4B}\right) \times \dfrac{r}{i_c \eta_c} \end{cases} \tag{7.15}$$

式中:n_a、n_b 分别为高速侧和低速侧输出轴的转速;V 为车速;ρ 为相对转速半径;T_a、T_b 分别为高速侧和低速侧输出轴的转矩;r 为主动轮半径;m 为整车质量;f、μ 分别为滚动阻力系数和转向阻力系数;L 为履带接地长;B 为履带中心距;i_c、η_c 分别为侧传动比和传动效率,取定车速 $V=30\text{km/h}$。

结合上面的双输入和输出的转速和转矩关系式,得到双侧输入和输出功率随相对转向半径变化的规律。

对于双侧独立驱动,每侧的电机都是独立驱动相应的履带。因此其车辆高、低侧的功率输入即为两侧的输出,如图 7.3 中的曲线 1、曲线 4 所示。对于双侧耦合驱动,两侧的输出与两侧的输入都有相关项。当低速侧产生转向再生功率时,对应的低速侧输入电机存在两种工作状态:发电和电动。当低速侧电机处于电动状态(图 7.3 中曲线 3 大于 0 的部分),低速侧再生功率均以机械方式回流到外侧;当低速侧电机就处于发电状态,低速侧再生功率均以机械和电力两种方式回流到外侧,电力回流方式所占比例很小。

在设定车速,如果采用双侧独立驱动的传动方案,两个电机的功率需求必须满足图 7.3 中的曲线 1、曲线 4 要求,最大功率需要达到 194kW;如果采用双侧耦合驱动的传动方案,两个电机的功率需要满足图 7.3 中的曲线 2、曲线 3 要求,最大功率仅需 152kW。

同时,从图 7.4 可以看出双侧耦合驱动比独立驱动的电机转矩要求也要低得多。

进一步由图 7.5 可知,耦合驱动高速侧电机的功率需求是独立驱动的 0.65 倍(平均值),最小值能达到 0.5 倍。通过上述分析,可看出通过功率耦合机构能够大幅降低转向时履带车辆电驱动对电机功率的需求,能够提高电机的功率利用率。

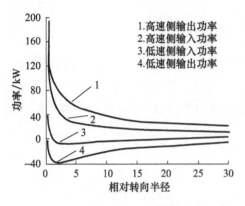

图 7.3 设定车速下功率耦合机构双侧输入输出功率

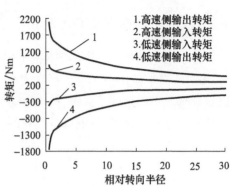

图 7.4 设定车速下功率耦合机构双侧输入输出转矩

通过图 7.6 可以看出双侧独立驱动的转向再生功率机械利用率为 0。双侧耦合驱动的转向再生功率机械利用率在相对转向半径 2~12 内大部分以机械方式回流，都在 88% 以上，小部分以电力方式回流；其他相对转向半径下都是 100% 机械方式回流。这与对图 7.3、图 7.4、图 7.5 的分析结果是相符的。因此，从本书定义的转向再生功率利用率也可以看出设计功率耦合机构的意义。

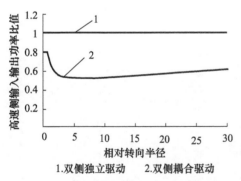

图 7.5 高速侧输入端与输出端功率比

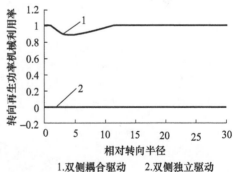

图 7.6 转向再生功率机械回流利用率对比

7.2 转向再生功率利用影响规律分析

由转向再生功率机械回流利用率计算式可知，地面环境因素 (f, μ_{max})、车辆本身的结构参数 ($\phi = L/B$) 及功率耦合机构行星排参数 k_d 都会对转向再生功率的利用率有影响。

7.2.1 转向再生功率利用影响因素分析

分别绘制柏油、干土路面下机电混合度 $\delta(\delta = 1 - \gamma)$ 与功率耦合机构参数 k_d、相对转向半径 ρ 的三维关系图,如图 7.7、图 7.8 所示。从图 7.7、图 7.8 中可以看到选取不同路面条件时,机电混合度呈现出明显变化,并且在所有的 k_d 变化范围内,路面条件的影响都是存在的。

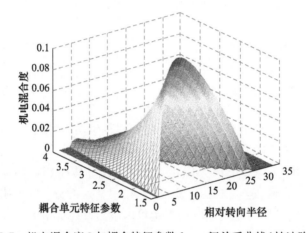

图 7.7 机电混合度 δ 与耦合特征参数 k_d、ρ 间关系曲线(柏油路面)

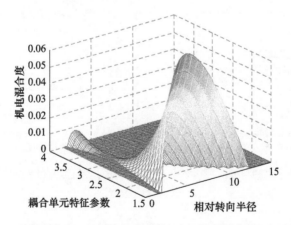

图 7.8 机电混合度 δ 与耦合特征参数 k_d、ρ 间关系曲线(水泥路面)

车辆本身的结构参数方面,转向比 $\phi = L/B$ 是另一个影响机电混合度的重要因素,因为它将极大影响转向阻力。选取电驱动系统相关典型数据,并将各项参数代入,分别绘制柏油、干土路、水稻田路面下机电混合度 δ 与 λ、ρ 的三维关系图,如图 7.9、图 7.10、图 7.11 所示,显然,地面条件越恶劣,相应机电混合度越小,转向再生功率机械回流利用率越大。转向比 λ 越小,机电混合度越小,转向再生功率机械回流利用率越大,对应的履带车辆转向越灵活。

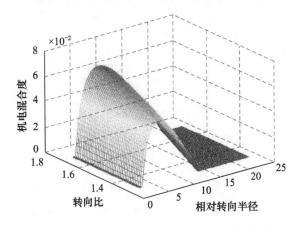

图 7.9　机电混合度 δ 与 φ、ρ 间关系曲线(柏油路面)

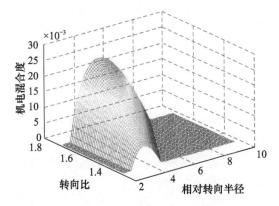

图 7.10　机电混合度 δ 与 φ、ρ 间关系曲线(干土路)

综上所述,传动装置功率耦合机构特征参数、路面参数、车辆转向比、转向半径等都会对转向再生功率机电混合度产生影响,从而对转向再生功率利用率产生影响。

(1) 当路况趋于恶劣时,即路面转向阻力系数越来越大时(如由柏油路→干土路→水稻田),机电混合度 δ 逐渐减小。即转向内侧再生功率中,以电功率回流形式的比重逐渐减小,以机械功率回流形式的比重逐渐增长。由于电功率形式在进入车载电网时,还需要经历整流损失这一环节,因此其再生功率的利用没有机械功率形式高效,即路况趋于恶劣时,再生功率的利用愈加高效。

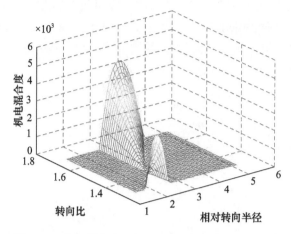

图7.11 机电混合度 δ 与 ϕ、ρ 间关系曲线（水稻田）

(2) 在柏油路面和干土路面下，随着转向比 λ 的增加，机电混合度 δ 也增加，即再生功率的利用愈加低效。但当路面情况特别恶劣时，随着转向比 λ 的增加，机电混合度 δ 出现了马鞍点，在 $\phi=1.45$ 左右。虽然在设计履带车辆时，转向比一般均由车辆总布置所决定，不会单纯因转向再生功率高效利用而更改，但本节的分析量化说明了车辆结构参数对再生功率利用的影响作用，结果也是有意义的。

7.2.2 转向再生功率利用参数敏感度分析

7.2.1 节的分析结果可以明确多维参量对再生功率利用率的影响情况以及参量之间的关联情况，但并没有分析它们对再生功率利用率的影响能力的大小。定义转向再生功率机械回流平均利用率为

$$\gamma_{ave}=\frac{\int_{\rho_n}^{\rho_T}\gamma(\rho)\mathrm{d}\rho}{\int_{\rho_n}^{\rho_T}\mathrm{d}\rho} \tag{7.16}$$

本节将分析转向再生功率机械回流平均利用率的参数敏感度。

转向再生功率机械回流平均利用率 γ_{ave} 直接影响因素为其定义式中的参数，包括：路面参数 f/μ_m、转向比 ϕ、功率耦合机构参数 k_d。

由图 7.12 可知，随着路面参数 f/μ_m 的增大（即路面条件越恶劣），γ_{ave} 增大，增幅达到了 0.05。但是增大的幅度逐渐减小，敏感度 S 的减小幅度达到了 0.08。因此，不同路面条件较大地影响再生功率高效利用情况。

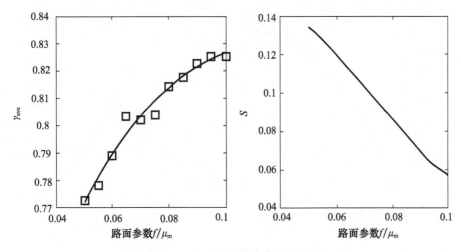

图 7.12 γ_{ave} 对路面参数的敏感度分析

由图 7.13 可知,随着转向比 $\phi = L/B$ 的增大,γ_{ave} 减小,减小幅度不大,只有 0.01 左右。敏感度 S 的基本维持在 -0.04 左右,变化不大,表明 ϕ 基本上不影响再生功率的利用情况,无须专门为再生功率来设计 ϕ 值。

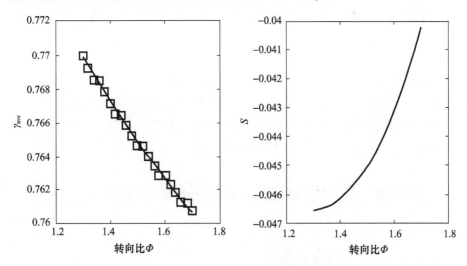

图 7.13 γ_{ave} 对转向比的参数敏感度分析

由图 7.14 可知,随着功率耦合机构特征参数 k_d 的增大,γ_{ave} 增大,增幅达到了 0.07,但是增大的幅度逐渐减小。因此,通过适当增大 k_d 可以增大 γ_{ave},但当 k_d 较大时,通过增大 k_d 来增大 γ_{ave} 的效果将不再显著。

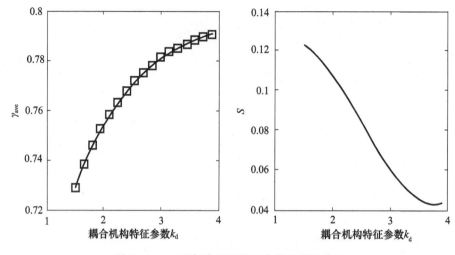

图 7.14 γ_{ave} 对耦合机构特征参数的感度分析

综上所述,可以明确再生功率高效利用的影响规律如下。

(1) 功率耦合机构特征参数 k_d 及路面参数 f/μ_m 对转向再生功率机械回流平均利用率 γ_{ave} 的影响较大,转向比 ϕ 对 γ_{ave} 的影响较小。

(2) 随着功率耦合机构特征参数 k_d 的增大,γ_{ave} 增大,但是增大的幅度逐渐减小。因此,通过适当增大 k_d 可以增大 γ_{ave},但当 k_d 较大时,通过增大 k_d 来增大 γ_{ave} 的效果将不再显著。

(3) 随着路面参数 f/μ_m 的增大(即路面条件越恶劣),γ_{ave} 增大,但是增大的幅度逐渐减小。由此可知,双电机耦合驱动的履带车辆具有很好的路面自适应性。

(4) 随着转向比 $\phi = L/B$ 的增大,γ_{ave} 减小,减小幅度变化不大。因此,通过减小转向比 ϕ 可以增大转向再生功率机械回流利用率,车辆的转向将更加灵活。

7.3 双电机耦合驱动系统参数匹配优化方法

7.3.1 系统性能评价指标

7.3.1.1 直驶性能匹配评价指标

如图 7.15 所示,电机在恒功率区时,$A_1 \sim B_1$ 和 $A_2 \sim B_2$ 段为双曲线,车辆具有理想的驱动性能。由于电机的转速范围不能覆盖车速范围,因此设置了变速排,可以实现两个挡位,低速挡的传动比为 i_{b1},高速挡为直接挡 $i_{b2} = 1$。

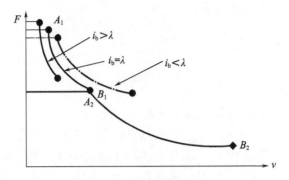

图 7.15 车辆驱动力图

B_1 点和 A_2 点的车速之比为 λ/i_{b1},λ 为电机弱磁比。

当 $i_{b1}<\lambda$ 时,$\lambda/i_{b1}>1$,$v_{B1}>v_{A2}$,$F_{B1}<F_{A2}$,低速挡可输出的最大驱动力降低。

当 $i_{b1}>\lambda$ 时,$\lambda/i_{b1}<1$,$v_{B1}<v_{A2}$,$F_{B1}>F_{A2}$,换挡时出现动力中断的情况。

当 $i_{b1}=\lambda$ 时,$\lambda/i_{b1}=1$,$v_{B1}=v_{A2}$,$F_{B1}=F_{A2}$,此时,B_1 点和 A_2 点重合,传动装置既可以输出较大的驱动力,又不会出现动力中断,因此,这是最理想的驱动力图。

所以,可以用电机弱磁比 λ 与低速挡传动比 i_{b1} 的关系定义出传动装置直驱动力性能匹配目标函数为 $f_1 = \left|1-\dfrac{\lambda}{i_{b1}}\right|$,$f_1$ 越小,传动装置的直驱动力性能越好。当 $f_1=0$ 时,直驱动力性能最优。

7.3.1.2 转向性能匹配评价指标

当车辆以质心速度 V、相对半径 ρ 转向时,根据上文运动学和动力学分析,两侧电机的转速以及需要输出的转矩分别为

$$\begin{cases} n_{mL} = \left(1-\dfrac{1+k_o}{2\rho}\right)\dfrac{Vi_c i_b i_j}{0.377r} \\ n_{mR} = \left(1+\dfrac{1+k_o}{2\rho}\right)\dfrac{Vi_c i_b i_j}{0.377r} \end{cases} \quad (7.17)$$

$$\begin{cases} T_{mL} = \dfrac{r}{i_c i_b (1+k_d) i_j \eta}\left((k_d+1)\dfrac{fG}{2}-\dfrac{\mu GL}{4B}\right) \\ T_{mR} = \dfrac{r}{i_c i_b (1+k_d) i_j \eta}\left((k_d+1)\dfrac{fG}{2}+\dfrac{\mu GL}{4B}\right) \end{cases} \quad (7.18)$$

令 $n_{mL}=0$,得到:

$$\rho_n = \dfrac{1+k_d}{2} \quad (7.19)$$

当 $\rho < \rho_n$ 时，内侧电机反转。

令 $T_{mL} = 0$，由于 $\mu = \dfrac{\mu_{\max}}{a_\mu + b_\mu \rho}$，得到：

$$\rho_T = \dfrac{1}{b_\mu}\left[\dfrac{L\mu_{\max}}{(1+k_d)2Bf} - a_\mu\right] \tag{7.20}$$

当 $\rho < \rho_T$ 时，内侧电机输出扭矩反向。

如表 7.1 所列，当 $\rho_n < \rho < \rho_T$ 时，内侧电机工作在发电模式，有一部分再生功率通过内侧电机进入电循环，一部分再生功率经过中间的耦合机构通过机械循环到达外侧履带。在设计过程中，希望所有再生功率都能够通过效率较高的耦合机构传递到外侧履带，因此该半径范围越小越好。

表 7.1 电机工作模式切换表

转向半径 ρ	内侧电机			外侧电机		
	转速方向	转矩方向	工作模式	转速方向	转矩方向	工作模式
$\rho_T < \rho < \infty$	正	正	电动	正	正	电动
$\rho_n < \rho < \rho_T$	正	反	发电	正	正	电动
$0 < \rho < \rho_n$	反	反	电动	正	正	电动

如图 7.16 所示为转向再生功率机械回流利用率曲线。转向性能分目标函数可以定为：$[\rho_n, \rho_T]$ 区间内，转向再生功率机械回流利用率曲线与 $\gamma = 1$ 所围成的区域面积最小，即 ABCDE 围成的面积最小。车辆需要在各种路面上行驶，而设计变量不可能实时根据路面的情况进行改变，使转向再生功率利用率最高。因此，需要采用折中的方法，使车辆在其常用路面上的转向再生功率利用率均能达到较高的水平，可以在建立优化模型时考虑车辆在各种路面上的行驶概率。

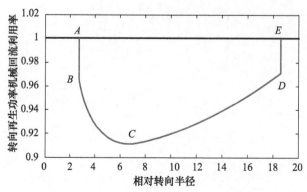

图 7.16 转向再生功率机械回流利用率曲线

假设车辆在 n 种常用路面上的行驶概率为 $(\beta_1, \beta_2, \cdots, \beta_n)$，$\sum_{i=1}^{n} \beta_i = 1$，转向性能分目标函数可以写为

$$f_2 = \min \left[\sum_{i=1}^{n} \beta_i \left(\int_{\min(\rho_{ni}, \rho_{Ti})}^{\max(\rho_{ni}, \rho_{Ti})} (1 - \gamma_i) \mathrm{d}\rho \right) \right] \quad (7.21)$$

转向性能分目标函数的大小与功率耦合机构行星排参数直接相关。

7.3.2 系统参数匹配优化模型

在设计电驱动系统时需要确定多个参数，参数之间的匹配是否合理决定着驱动系统的性能好坏。以直驶动力性能和转向性能为优化目标，选取驱动系统主要参数作为设计变量，以设计指标和相关部件的制造条件为约束，得出机电耦合转向驱动系统参数优化模型描述。

1) 设计变量

设计变量包括：电机弱磁比 λ、电机最高转速 $n_{\max}$、功率耦合机构行星排参数 k_d、电机减速比 i_j、变速机构一挡传动比 i_{b1}。

$$\boldsymbol{X} = [\lambda, n_{\max}, k_d, i_j, i_{b1}]^{\mathrm{T}} \quad (7.22)$$

2) 目标函数

综合考虑车辆的直驶性能和转向性能，目标函数为

$$\min F(\boldsymbol{X}) = \delta_1 f_1 + \delta_2 f_2 \quad (7.23)$$

式中：δ_1 和 δ_2 分别为直驶性能指标和转向性能指标的权重，和为 1。

3) 约束条件

(1) 最高车速指标 $v_{\max}$ 的约束：

$$v_{\max} \leq 0.377 \frac{n_{\max} r}{i_c i_j} \quad (7.24)$$

(2) 最大爬坡度指标 $\alpha_{\max}$ 的约束：

$$2K \frac{9550 \lambda P_e i_j i_{b1} i_c \eta}{n_{\max} r} \geq G(f \cos \alpha_{\max} + \sin \alpha_{\max}) \quad (7.25)$$

式中：P_e 为单侧电机额定功率；K 为电机过载系数。

(3) 中心转向时间 t_c 的约束：

$$\frac{n_{\max}}{(1 + k_d) i_j i_{b1} i_c} \frac{2\pi}{60} r \geq \frac{2\pi}{t_c} \frac{B}{2} \quad (7.26)$$

(4) 中心转向时履带牵引力的约束：

$$K \frac{9550 P_e (1 + k_d) i_j i_{b1} i_c \eta}{r n_{\max}} \geq \frac{1}{2} f G + \frac{\mu_{\max} G L}{4B} \quad (7.27)$$

(5) 防止动力中断的约束：

$$\lambda \geq i_{b1} \tag{7.28}$$

(6) 行星排结构的约束：

$$\begin{cases} 1.5 \leq k_d \leq 4 \\ 2.5 \leq i_j \leq 5 \\ 2.5 \leq i_{b1} \leq 5 \end{cases} \tag{7.29}$$

(7) 电机制造技术的约束：

$$\begin{cases} \lambda \leq [\lambda] \\ n_{max} \leq [n_{max}] \end{cases} \tag{7.30}$$

式中：$[\lambda]$ 为电机可达到的最大弱磁比；$[n_{max}]$ 为电机可达到的最高转速。

(8) 电机最大输出转矩的约束：

电机输出转矩大将导致电机尺寸较大，因此对电机的最大输出转矩进行约束。

$$K \frac{9550 P_e \lambda}{n_{max}} \leq [T_{max}] \tag{7.31}$$

式中：$[T_{max}]$ 为允许的电机最大输出转矩。

(9) 行星排最高转速的约束：

$$\frac{2(i_j - 1) n_{max}}{i_j (i_j - 2)} \leq [n_{xmax}] \tag{7.32}$$

$$\frac{2 k_d n_{max}}{(k_d - 1)(1 + k_d) i_j} \leq [n_{xmax}] \tag{7.33}$$

$$\frac{2(i_{b1} - 1) n_{max}}{i_{b1} (i_{b1} - 2) i_j} \leq [n_{xmax}] \tag{7.34}$$

式中：$[n_{xmax}]$ 为行星轮轴承允许的最大转速。

4) 优化模型

对设计变量、目标函数和约束条件进行整理，得到电驱动系统参数优化模型为

$$\min F([\lambda, n_{max}, k_d, i_j, i_{b1}]^T) = \delta_1 \left| 1 - \frac{\lambda}{i_{b1}} \right| + \delta_2 \left| 1 - \frac{1}{b_\mu (0.5 k_d + 0.5)} \left[\frac{L \mu_{max}}{(1 + k_d) 2 B f} - a_\mu \right] \right| \tag{7.35}$$

$$\text{s.t.} \begin{cases} g(1) = v_{\max} - 0.377\dfrac{n_{\max}r}{i_c i_j} \leq 0 \\ g(2) = G(f\cos\alpha_{\max} + \sin\alpha_{\max}) - 2K\dfrac{9550\lambda P_e i_j i_{b1} i_c \eta}{n_{\max} r} \leq 0 \\ g(3) = \dfrac{2\pi}{t_c}\dfrac{B}{2} - \dfrac{n_{\max}}{(1+k_d)i_j i_{b1} i_c}\dfrac{2\pi}{60}r \leq 0 \\ g(4) = \left(\dfrac{1}{2}fG + \dfrac{\mu_m GL}{4B}\right) - K\dfrac{9550 P_e (1+k_d) i_j i_{b1} i_c \eta}{r n_{\max}} \leq 0 \\ g(5) = \dfrac{2(i_j - 1)n_{\max}}{i_j(i_j - 2)} - [n_{x\max}] \leq 0 \\ g(6) = \dfrac{2k_d n_{\max}}{(k_d - 1)(1 + k_d)i_j} - [n_{x\max}] \leq 0 \\ g(7) = \dfrac{2(i_{b1} - 1)n_{\max}}{i_{b1}(i_{b1} - 2)i_j} - [n_{x\max}] \leq 0 \\ g(8) = K\dfrac{9550 P_e \lambda}{n_{\max}} - [T_{\max}] \leq 0 \\ AX \leq b, A = [-1,0,0,0,1], b = 0 \\ lb \leq X \leq ub \end{cases}$$

7.3.3 参数优化模型求解

求解最优化问题的方法大致可以分为两类：解析法和数值法。解析法就是利用数学分析的方法，根据目标函数导数的变化规律与函数极值的关系，求目标函数的极值点。数值法是根据目标函数的变化规律，以适当的步长沿着能使目标函数值下降的方向，逐步逼近到目标函数的最优点或直至达到最优点。

由于传动系统参数优化设计的数学描述较复杂，不便于用解析法求解，因此随着计算机技术的发展，通常采用数值法求解。遗传算法是解决参数优化问题的一种有效数值方法。

选取4种路面：柏油路、干土路、水泥路、水稻田，路面参数为[(0.49, 0.038), (0.6, 0.06), (0.68, 0.04), (1, 0.1)]，行驶概率为[0.3, 0.3, 0.3, 0.1]。进化过程如图7.17所示，优化结果如表7.2所列。从表中数据可以看出，优化前电机转速较高，设计难度较大；优化后，电机最高转速降低，弱磁比减小，电机的设计难度降低。

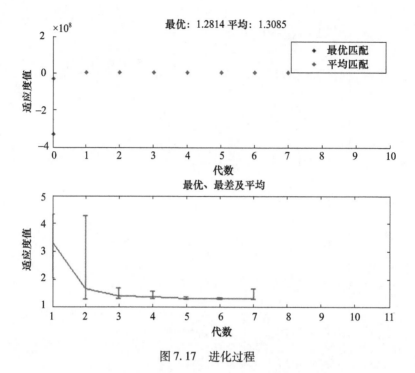

图 7.17 进化过程

表 7.2 优化前后电驱动系统关键参数对比

设计变量	λ	$n_{max}/(r/min)$	k_d	i_j	i_{b1}
优化前	3	10000	2	3.3	2.7
优化后	2.80	8000	3	2.82	2.79

图 7.18 和图 7.19 为优化前后电机输出额定功率和输出过载功率时的动力因数 – 车速曲线、转向再生功率利用率曲线。

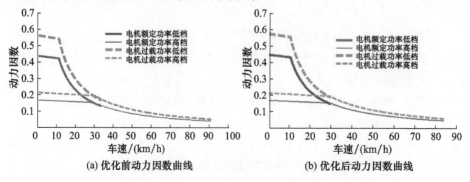

(a) 优化前动力因数曲线　　　　　(b) 优化后动力因数曲线

图 7.18 优化前后车辆动力因数曲线

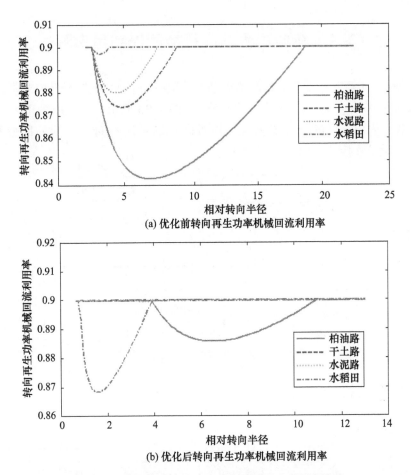

图 7.19 优化前后转向再生功率机械回流利用率曲线

由图 7.18 可知,动力因数在优化前后变化很小。图 7.19 所示为在 4 种典型路面上,优化前后转向再生功率机械回流利用率与相对转向半径的关系曲线。在考虑转向再生功率由低速侧传递至高速侧的传递效率后,其最大值小于 1。优化后,在行驶概率较高的路面(柏油路、干土路、水泥路),γ 值均得到提高;在行驶概率较低的路面(水稻田),γ 值降低。优化后,在行驶概率较高的路面(柏油路、干土路、水泥路),$[\rho_n,\rho_T]$ 范围减小。在干土路和水泥路面上,$\rho_n \approx \rho_T$,即基本所有转向再生功率均进入机械功率循环;在柏油路上 $[\rho_n,\rho_T]$ 由 $[2.7,18.5]$ 缩短为 $[3.85,11.3]$,即转向再生功率以机电混合循环形式进行利用的转向半径范围大大缩短。在行驶概率较低的路面(水稻田),$[\rho_n,\rho_T]$ 范围有所增大,由 $[2.7,4.0]$ 增大为 $[0.95,3.85]$。

7.4 转向再生功率机械回流利用率测试

试验平台各主要部件(如两侧电机控制器等)信息都上传至控制局域网(Controller Area Network,CAN)总线网络(如图 7.20 所示),由 VECTOR 公司的 GL1000 总线记录仪进行采集、保存,并通过 CANoe 进行总线数据的回放与分析,测试设备连接情况如图 7.21 所示。

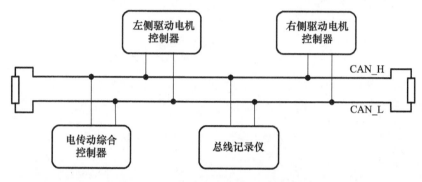

图 7.20 电驱动系统 CAN 网络拓扑图

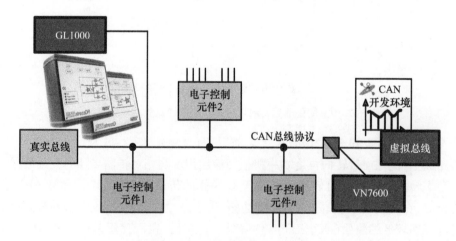

图 7.21 测试设备连接示意图

1) 中速中等半径转向

本工况下,尽量让车辆在较高的车速下进行稳定的转向。但受车辆传动系统性能的限制,车速没有办法较快提升至特别高,受试验场地大小的限制,车速提高后道路空间有限又较难进行较小半径转向。因此,最终进行的较高速转向

的工作状态为 $v=20\text{km/h}$,$\rho=8.5$,车辆采用 2 挡转向,直驶时切换回 1 挡。具体的试验数据如图 7.22 所示。

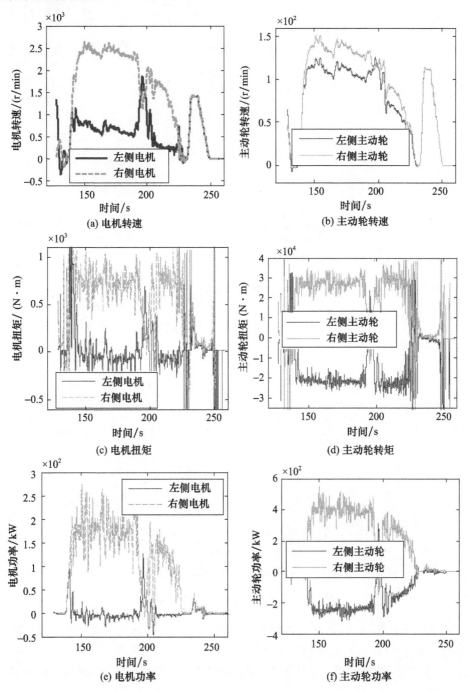

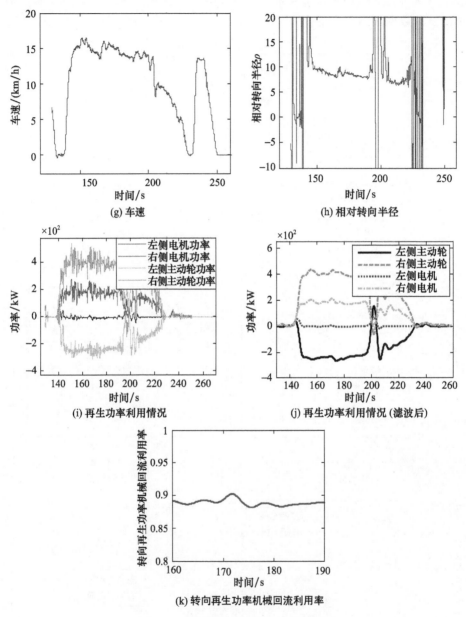

图 7.22 较高速中等半径转向试验结果

从结果可知,系统稳定工作于 $v=20\text{km/h}$,$\rho=8.5$ 时,内侧驱动电机输出功率约为 0,外侧驱动电机输出功率为 190 kW,而内侧主动轮传递进系统的再生功率为 240 kW,外侧主动轮输出的功率为 400 kW。图 7.22(k) 为 160~170s 转向再生功率机械回流利用率曲线,系统的再生功率机械回流利用率为 0.88~0.9。

2) 高速大半径转向

本工况为高速转向工况,具体的试验数据如图 7.23 所示。

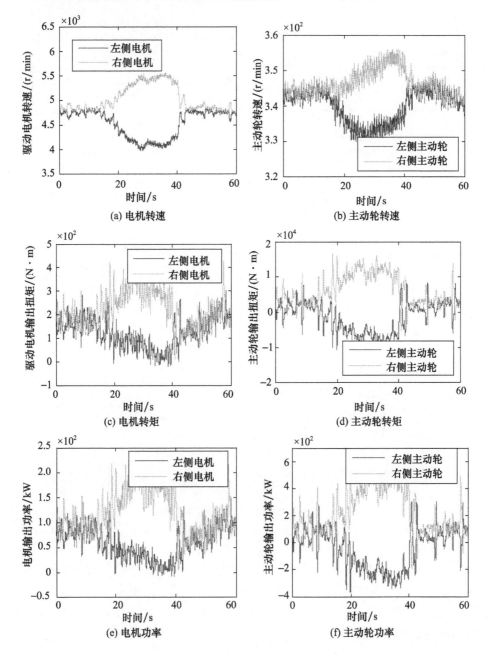

(a) 电机转速

(b) 主动轮转速

(c) 电机转矩

(d) 主动轮转矩

(e) 电机功率

(f) 主动轮功率

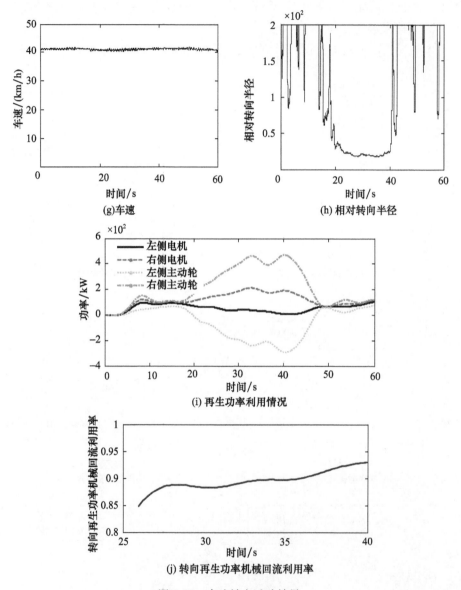

图 7.23 高速转向试验结果

25~40s 车辆处于稳定转向状态：$v=40\text{km/h}$，$\rho=37$。内侧驱动电机输出功率为 10kW，外侧驱动电机输出功率为 180 kW，而内侧主动轮传递进系统的再生功率为 300 kW 左右，外侧主动轮输出的功率为 460 kW 左右，系统的再生功率利用率为 0.85~0.93。

7.5 本章小结

本章针对履带车辆传动特点将行星机构与电机的有机集成、直驶转向功能模块的有效综合,提出了一种新的适用于履带车辆的双电机耦合驱动的传动方案形式,形成了功率耦合转向机构构型方案设计方法。对转向再生功率机械回流利用率参数敏感度进行了分析,确定了优化参数,提出了性能匹配的评价指标,基于优化设计理论,建立了优化匹配数学模型,最后采用遗传算法对优化模型进行求解,得到一组最优的设计参数。对比优化前后驱动系统的直驶性能及转向性能,优化后的电驱动系统性能得到明显提高,验证了模型的正确性及实用性。最后,通过试验测试了转向再生功率机械回流利用率,验证了功率耦合机构方案。

第8章　高速电驱动履带车辆转向控制

8.1 高速电驱动履带车辆转向控制律设计

8.1.1 转向控制目标映射规则

将加速踏板信号及方向盘转角信号进行归一化处理。加速踏板信号归一化处理为

$$S_a = \frac{\alpha - \alpha_0}{\alpha_{\max} - \alpha_0}, (0 \leq S_a \leq 1) \tag{8.1}$$

式中：α_0 为加速踏板转角空程；α 为实际加速踏板转角；$\alpha_{\max}$ 为加速踏板最大转角。

方向盘转角信号归一化处理：

$$S_s = \frac{|\theta| - |\theta_0|}{|\theta_{\max}| - |\theta_0|} \text{sign}(\theta) \tag{8.2}$$

式中：θ_0 为方向盘空程；θ 为实际方向盘转角；$\theta_{\max}$ 为方向盘最大转角。

利用加速踏板信号、方向盘信号，根据驾驶习惯可定义驾驶操纵信号与转向控制目标之间的映射关系。

目标车速与加速踏板开度的映射关系为

$$V^* = S_a V_{\max} = 0.377 \frac{S_a n_{\max} r_z}{i_c i_b i_j} \tag{8.3}$$

目标相对转向半径与方向盘转角的映射关系：

$$\rho^{**} = \frac{k_{ib}}{S_s^2} \tag{8.4}$$

式中：k_{ib} 为与挡位及驾驶员感受有关的转向半径调整系数。

目标转向角速度与油门踏板开度及方向盘转角的映射关系：

$$\omega^* = \frac{V^*}{B\rho^{**}} = \frac{S_a V_{\max}}{B \dfrac{k_{ib}}{S_s^2}} \tag{8.5}$$

对目标相对转向半径进行必要限制：

$$\rho^* = \max\left(\rho^{**}, \frac{R_{\min}}{B}\right) \tag{8.6}$$

同时对目标转向角速度进行相应的修正：

$$\omega^* = \frac{V^*}{B\rho^*} \tag{8.7}$$

8.1.2 转向系统解耦及控制算法

履带车辆转向的控制是根据踏板、方向盘等驾驶操纵信号决定的期望车速 $v*$、期望相对转向角速度 $\omega*$，以及主动轮转速 n_L、n_R，解算出两电机的目标转矩指令 $T_{mL}*$、$T_{mR}*$。不同工况下转向阻力矩难以实时预测，这就使得履带车辆转向系统具有 MIMO、非线性耦合且参数不确定的特点。

图 8.1 中，$a = -\dfrac{i_c}{2} \cdot \dfrac{2+k}{1+k}, b = -\dfrac{i_c}{2} \cdot \dfrac{k}{1+k}$。

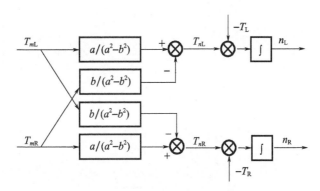

图 8.1 原系统开环控制结构图

为此，须进行系统解耦，以降低控制状态变量的耦合关联度。根据双电机耦合驱动履带车辆转向系统运动动力学关系，可通过以下状态变换设计系统解耦算法。

$$\begin{bmatrix} v_n \\ \omega_n \end{bmatrix} = \frac{2\pi r}{60} \begin{bmatrix} \dfrac{1}{2} & \dfrac{1}{2} \\ -\dfrac{1}{B} & \dfrac{1}{B} \end{bmatrix} \begin{bmatrix} n_L \\ n_R \end{bmatrix} \tag{8.8}$$

式中：v_n 即为经由主动轮转速变换得到的车速；ω_n 为相应的转向角速度。解耦同时，对系统其他参量做同步线性变换，可得：

$$\begin{cases} m_n = \dfrac{2J_{n1}}{r_Z^2}, \quad J_n = J_{nL} \cdot \dfrac{B^2}{2r_z^2} \\ \begin{bmatrix} T_{nL} \\ T_{nR} \end{bmatrix} = TF_2 \begin{bmatrix} u_v \\ u_\omega \end{bmatrix} = \dfrac{r_z}{2} \begin{bmatrix} 1 & -1 \\ 1 & 1 \end{bmatrix} \begin{bmatrix} u_v \\ u_\omega \end{bmatrix} \end{cases} \quad (8.9)$$

可将控制系统的动力学模型变换为

$$\begin{cases} m_n \dot{v}_n = u_v - F_n(v_n) + \Delta F \\ J_n \dot{\omega}_n = u_\omega \cdot \dfrac{B}{2} - M_n(v_n, \omega_n) + \Delta M \end{cases} \quad (8.10)$$

通过变换后的新系统的控制解耦拓扑结构如图8.2所示。

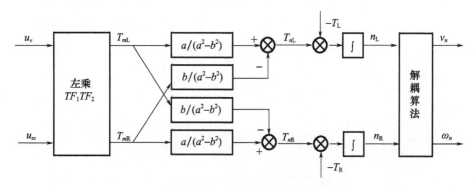

图8.2 新系统开环控制拓扑结构图

解耦后的等效开环控制结构如图8.3所示。

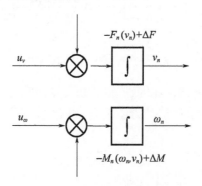

图8.3 解耦后的等效开环控制结构

从解耦新系统的开环结构来看,状态变量之间的耦合作用大大减弱,原MIMO系统近似变换为两个SISO系统:一个为车速子系统,另一个为转向角速度子系统。解耦后的系统转向运动控制目标为:调节系统的等效转矩输入(u_v、

$u_\omega)^T$,使运动状态$(v_n、\omega_n)^T$跟踪期望的$(v^*、\omega^*)^T$。状态v_n将影响状态ω_n的变化情况,而状态ω_n不影响状态v_n。所以,将控制策略设计为:先针对v^*完成v_n的跟踪;随后将控制所得的v_n视作已知参量,并针对ω_n完成ω^*的跟踪。

8.1.3 子系统控制律设计

由于状态v_n将在一定程度上影响状态ω_n的变化情况,而状态ω_n不影响状态v_n。所以,在控制时可以先稳定当前车速即保持主动轮转速和不变,再调节转向角速度即调节两侧主动轮转速差。这恰与履带车辆差速式转向的特点相吻合。但新系统仍然具有一定的非线性和参数不确定性问题。滑模变结构控制方法,具有较强的稳健性控制特点,再加上综合设计的模糊及自适应算法,特别适合于解决前述两个子系统的控制问题。

8.1.3.1 车速稳健滑模变结构控制律设计

定义车速的状态跟踪误差为

$$e_v = v^* - v_n \tag{8.11}$$

建立第一个滑模面:

$$s_1 = e_v \tag{8.12}$$

显然,系统被稳定控制于滑模面$s_1 = 0$时,即能够实现车速跟踪。

惯量m_n的变动范围是有界的,即有

$$m_{\min} \leqslant m_n \leqslant m_{\max} \tag{8.13}$$

为此,令

$$\hat{m} = \frac{m_{\max} + m_{\min}}{2}; \Delta m = \frac{m_{\max} - m_{\min}}{2} \tag{8.14}$$

用于做针对性的稳健控制,以适应惯量变化,显然此时有

$$|m_n - \hat{m}| \leqslant \frac{m_{\max} - m_{\min}}{2} = \Delta m > 0 \tag{8.15}$$

根据不同路面下履带车辆转向动力学的仿真分析可知,阻力ΔF也是有界的,因此有

$$|\Delta F| \leqslant D \tag{8.16}$$

式中:D为非零正数,根据车辆及路面具体参数取定。

因此,可设计车速的稳健滑模控制律为

$$u_v = \hat{m}\dot{v}^* + \Delta m|\dot{v}^*| \cdot \text{sgn}(e_v) + D\text{sgn}(e_v) + F_n \tag{8.17}$$

式中:sgn 函数用于形成控制结构上的变化,以适应阻力的变化。实际控制时,可将符号函数 sgn 代替饱和函数:

$$\text{sat}(x) = \begin{cases} 1, & x > 1 \\ x, & |x| \leq 1 \\ -1, & x < -1 \end{cases} \tag{8.18}$$

其目的是在跟踪误差较大时保持变结构控制的增益,以尽快到达滑动模态;在跟踪误差较小时则减小增益,削弱抖振。sat 函数的边界层参数(即分段的边界)可为重要的设计参数。

车速子系统的 Lyapunov 函数可取为

$$V_1 = \frac{m_n e_v^2}{2} \tag{8.19}$$

显然该函数是正定的,且有

$$\begin{aligned} \dot{V}_1 &= e_v \cdot m_n \dot{e}_v \\ &= e_v [(m_n - \hat{m}) \dot{v}* - \Delta m |\dot{v}*| \cdot \text{sgn}(e_v) - D\text{sgn}(e_v) - \Delta F] \\ &\leq (|m_n - \hat{m}| - \Delta m)|\dot{v}* e_v| - (D - \Delta F)|e_v| \leq 0 \end{aligned} \tag{8.20}$$

说明系统稳定,车速跟踪误差有界。

8.1.3.2 转向角速度自适应模糊滑模控制律设计

解耦后得到的转向角速度子系统中,J_n、M_n、ΔM 均未知,难以进行精确数学描述。三者虽然具有界限,但是在不同车速、转向角速度时其值波动较大,直接采用强制界限约束的经典滑模控制,极易产生较强抖振。将模糊逻辑系统及自适应控制方法引入经典的滑模变结构控制当中,以有效地降低转向角速度的变结构控制的抖振,且保证系统稳定。

定义转向角速度的跟踪误差为

$$e_\omega = \omega^* - \omega_n \tag{8.21}$$

定义积分滑模面为

$$s_2(t) = \omega_n - \int_0^t (\dot{\omega}* - \alpha \omega_n) \mathrm{d}t \tag{8.22}$$

显然,只要能够通过有效的方法,控制系统处于滑动模态,则有

$$s_2(t) = \dot{s}_2(t) = 0 \tag{8.23}$$

即

$$\dot{e}_\omega + \alpha e_\omega = 0 \tag{8.24}$$

只需 α 大于 0,即可满足 Hurwitz 条件。

最优控制律应为

$$u_\omega^* = \frac{2}{B}(M_n - \Delta M + J_n \dot{\omega}* - J_n \alpha e_\omega) \tag{8.25}$$

可设计模糊逻辑系统逼近 u_ω^*。对于采用单点模糊化、乘积推理规则、中心

平均解模糊方式的模糊逻辑系统,其逻辑输入 $\boldsymbol{x} = [x_1, x_2, \cdots, x_n]$ 产生的输出 y 可以表示为

$$y = y(\boldsymbol{x}) = \frac{\sum\limits_{l=1}^{N} \theta_l \prod\limits_{i=1}^{n} \mu_{F_i^l}(x_i)}{\sum\limits_{l=1}^{N} \left[\prod\limits_{i=1}^{n} \mu_{F_i^l}(x_i)\right]} \quad (8.26)$$

式中: $\boldsymbol{F}_l = [F_i^1, F_i^2, \cdots, F_s^l]$ 为模糊控制器输入量的模糊子集; $\boldsymbol{\theta} = [\theta_1, \theta_2, \cdots, \theta_l]$ 为模糊规则库中规则中的结论部分对应的模糊集合的中心。这种模糊系统存在任意逼近特性,如定理1。

定理1 设 $h(\boldsymbol{x})$ 是有界闭集 U 上的连续函数,那么对于任意给定的正数 ε_0,一定存在形如式(8.26)的模糊逻辑系统,使得:

$$\sup_{\boldsymbol{x} \in U} |h(\boldsymbol{x}) - y(\boldsymbol{x})| < \varepsilon_0 \quad (8.27)$$

即一定存在形如前述的模糊逻辑系统,它能够以任意精度逼近任何连续函数。

根据转向角速度子系统动力学,模糊输入设计为两个参量: s_2, v_n。采用高斯型隶属函数,其一般形式为

$$\mu_{F_i}(x_i) = \exp\left(-\left(\frac{x_i - a}{b}\right)^2\right) \quad (8.28)$$

模糊规则的形式设计为

Rule: IF s_2 is $F_{s_2}^l$, v_n is v_n^l THEN u is θ_l

输出量的反模糊化采用中心解模糊进行,为便于后文讨论,定义模糊集向量 $\boldsymbol{\xi} = [\xi_1, \xi_2, \cdots, \xi_m]^T$ 作为输出子集中心的权重,则有

$$\xi_l = \frac{\prod\limits_{i=1}^{n} \mu_{F_i^l}(x_i)}{\sum\limits_{l=1}^{N} \left[\prod\limits_{i=1}^{n} \mu_{F_i^l}(x_i)\right]} \quad (8.29)$$

则该模糊逻辑系统所实现的模糊控制律为

$$u_{\omega f}(\boldsymbol{\theta}) = \boldsymbol{\theta} \boldsymbol{\xi}^T = \frac{\sum\limits_{i=1}^{m} \boldsymbol{\xi}_i \cdot \boldsymbol{\theta}_i}{\sum\limits_{i=1}^{m} \boldsymbol{\xi}_i} \quad (8.30)$$

当取定可调参数为最优的 $\boldsymbol{\theta}^*$ 时,有

$$u_{\omega}^* = u_{\omega f}(\boldsymbol{\theta}^*) + \varepsilon = \boldsymbol{\theta}^* \boldsymbol{\xi}^T + \varepsilon \quad (8.31)$$

且偏差 ε 具有较小上界。实际控制中,难以准确地找到 $\boldsymbol{\theta}^*$。因此,采用其估计值 $\hat{\boldsymbol{\theta}}$,即实际的模糊控制输出应当为

$$u_\omega = u_{\omega f}(\hat{\boldsymbol{\theta}}) = \hat{\boldsymbol{\theta}} \boldsymbol{\xi}^{\mathrm{T}} \tag{8.32}$$

关于估计值 $\hat{\boldsymbol{\theta}}$ 与最优值 $\boldsymbol{\theta}^*$ 的差,设计自适应控制律调节。定义 $\tilde{\boldsymbol{\theta}} = \hat{\boldsymbol{\theta}} - \boldsymbol{\theta}^*$,控制律如下

$$\dot{\tilde{\boldsymbol{\theta}}} = \dot{\hat{\boldsymbol{\theta}}} = -\gamma_1 s_2 \boldsymbol{\xi}^{\mathrm{T}} \tag{8.33}$$

对于偏差 ε,设计切换控制律 $u_{\omega s}$ 来消除。

$$u_{\omega s} = -H\mathrm{sgn}(s_2) \tag{8.34}$$

$$\sup_{x \in U} |h(x) - y(x)| < \varepsilon_0 \tag{8.35}$$

式中:$H > \varepsilon_{\max}$。

因此,转向角速度子系统控制律为

$$u_\omega = u_{\omega f}(\hat{\boldsymbol{\theta}}) + u_{\omega s} \tag{8.36}$$

稳定性证明如下:

定义 Lyapunov 函数:

$$V_2(t) = \frac{1}{2}s_2^2 + \frac{B}{4\beta}\tilde{\boldsymbol{\theta}}\tilde{\boldsymbol{\theta}}^{\mathrm{T}} \tag{8.37}$$

式中:β 为预定的正实数。

整理状态方程和滑动模态方程可知:

$$\dot{s}_2 = (u_\omega - u_\omega^*) \cdot \frac{B}{2} = (u_{\omega f} + u_{\omega s} - u_\omega^*) \cdot \frac{B}{2} \tag{8.38}$$

总有

$$\begin{aligned}
\dot{V}(t) &= s_2 \dot{s}_2 + \frac{B}{2\beta}\tilde{\boldsymbol{\theta}}\dot{\tilde{\boldsymbol{\theta}}}^{\mathrm{T}} = s_2 \cdot \frac{B}{2}(u_{\omega f} + u_{\omega s} - u_\omega^*) + \frac{B}{2\beta}\tilde{\boldsymbol{\theta}}\dot{\tilde{\boldsymbol{\theta}}}^{\mathrm{T}} \\
&= s_2 \cdot \frac{B}{2}(u_{\omega f}(\hat{\boldsymbol{\theta}}) - u_\omega^* + u_{\omega s}) + \frac{B}{2\beta}\tilde{\boldsymbol{\theta}}\dot{\tilde{\boldsymbol{\theta}}}^{\mathrm{T}} \\
&= s_2 \cdot \frac{B}{2}(u_{\omega f}(\hat{\boldsymbol{\theta}}) - u_{\omega f}(\boldsymbol{\theta}^*) - \varepsilon + u_{\omega s}) + \frac{B}{2\beta}\tilde{\boldsymbol{\theta}}\dot{\tilde{\boldsymbol{\theta}}}^{\mathrm{T}} \\
&= s_2 \cdot \frac{B}{2}(\tilde{\boldsymbol{\theta}}\boldsymbol{\xi}^{\mathrm{T}} - \varepsilon + u_{\omega s}) + \frac{B}{2\beta}\tilde{\boldsymbol{\theta}}\dot{\tilde{\boldsymbol{\theta}}}^{\mathrm{T}} \\
&= s_2 \frac{B}{2} \cdot (-H\mathrm{sgn}(s_2) - \varepsilon) \\
&= -|s_2|\frac{B}{2} \cdot (H - |\varepsilon|) \leq 0
\end{aligned} \tag{8.39}$$

显然,系统是稳定的。

8.1.4 系统控制结构

得到车速的稳健滑模控制律、转向角速度子系统控制律后,设计双电机耦合

驱动履带车辆控制结构如图 8.4 所示。对于任意给定的期望车速 v^*、期望转向角速度 ω^*，都可以根据车速子系统的鲁棒滑模控制律求解出 u_v，根据转向角速度子系统的自适应模糊滑模控制律求解出 u_ω，最终线性映射出电机的期望转矩指令 T_{mL}^*、T_{mR}^*，控制电机完成合理的转矩输出，实现转向轨迹跟踪控制。

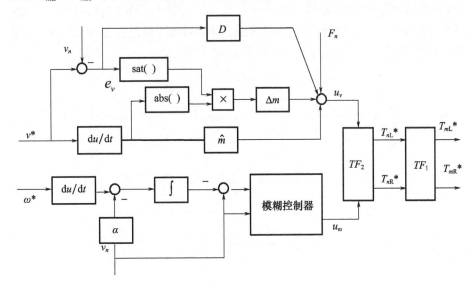

图 8.4 双电机耦合驱动闭环转向控制结构

8.1.5 转向控制仿真

基于 MATLAB/Simulink 软件建立了电驱动车辆转向工况仿真模型，如图 8.5 所示，其中，车辆模型为考虑履带打滑的车辆转向模型。

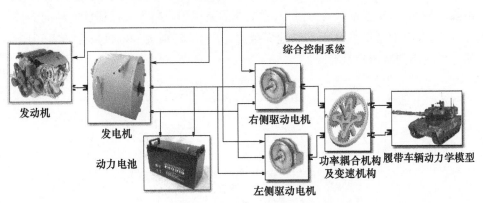

图 8.5 电驱动履带车辆转向仿真模型

驾驶员的操纵信号如图 8.6 所示。设定了一组方向盘转角,来模拟驾驶员的转向意图,同时为了便于仿真分析,还设定了一组目标车速变化曲线,来表示车辆起步、车速不变、停车等。具体为:车速较低的情况下,15s 时向右侧转向,25s 时由向右转向状态迅速变为向左转向,35s 时回正;车速较高的情况下,50s 时向右转向,60s 时由向右转向状态迅速变为向左转向,70s 时回正。仿真所涵盖的工况包括:加速、低速直驶、低速差速转向、低速突然反打方向盘转向;高速直驶、高速修正方向、高速突然反向修正方向、停车。

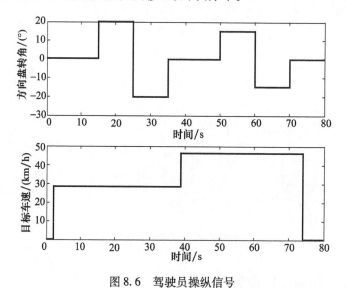

图 8.6　驾驶员操纵信号

经仿真,车辆行进速度 v_n 的响应如图 8.7 所示,可以看出 v_n 能够快速、准确、稳定地伺服于期望车速 v^*。需要注意的是在 25s 及 60s 这两次反打方向盘的操纵情况下,车速稍微有点降低,主要原因是控制策略为了保证反向转向的快速性,以及有效适应变化剧烈的地面阻力,生成了特别大的电机目标转矩,但电机能够输出的转矩却是有限的。

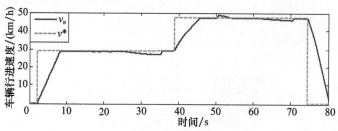

图 8.7　车辆行进速度响应

转向角速度 ω_n 的响应如图 8.8 所示,可以看出 ω_n 能够快速、稳定地伺服于转向角速度 ω^*。

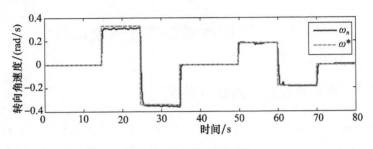

图 8.8　转向角速度响应

两侧电机的转速、转矩、功率响应如图 8.9 所示。转速的响应可以较为直观地体现差速转向的特点;转矩的响应能够体现转向负载非线性的特点。

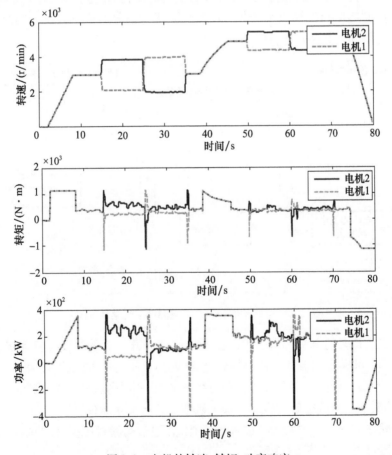

图 8.9　电机的转速、转矩、功率响应

从仿真结果来看,本研究所确立的转向控制策略,能够快速、准确、稳定地实现转向,具有一定的可行性。

8.2 控制器硬件在环转向试验

8.2.1 硬件在回路转向试验系统

如图 8.10 所示为硬件在回路转向试验系统整体结构示意图。实时仿真机 1 和实时仿真机 2 为 RT – Lab 高性能仿真设备,为了满足高精度电机模型的高速运行需求,实时仿真机 1 配备了具有高速运算能力的 FPGA 计算板卡;实时仿真机 1 和实时仿真机 2 均配备有高性能多核 CPU,可实现仿真模型中多个子系统模块的并行计算。根据开发需求,将电动机控制器、发电机控制器、整车控制器等被测控制器通过模拟量、数字量、车载总线等信号通道接入试验系统中,实现闭环的硬件在回路转向试验。

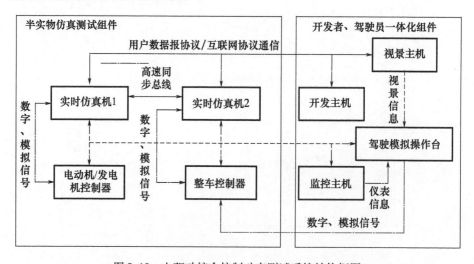

图 8.10 电驱动综合控制动态测试系统结构框图

开发主机是仿真平台与电驱动综合控制软件开发者的主要交互渠道,装有 Matlab/Simulink 等主流的计算建模软件、实时仿真机的上位机软件、发动机信号模拟器的配置软件等,可实现车辆动力系统建模、实时仿真机和发动机模拟器的控制、模型下载与监控等功能。视景主机中安装有视景软件,能够根据车辆仿真模型的状态实时生成驾驶场景的模拟图像,并通过驾驶模拟操作台的视景显示器向驾驶员显示,如图 8.11 所示。

图 8.11　电驱动综合控制动态测试系统实景图

电驱动硬件在回路试验平台原理如图 8.12 所示，系统被分解为电动机、发电机、发动机、动力电池、传动机构、车辆动力学等子模块并分别进行建模。根据各子系统模型的复杂度、运行步长要求、精度要求等因素将其分配至仿真平台中的各个计算模块，实时仿真机 1 的现场可编程门阵列（Field Programmable Gate Array, FPGA）板卡、实时仿真机 1 的各个中央处理器（Central Processing Unit, CPU）核、实时仿真机 2 的各个 CPU 核，并联合组成电驱动车辆实时模型。基于

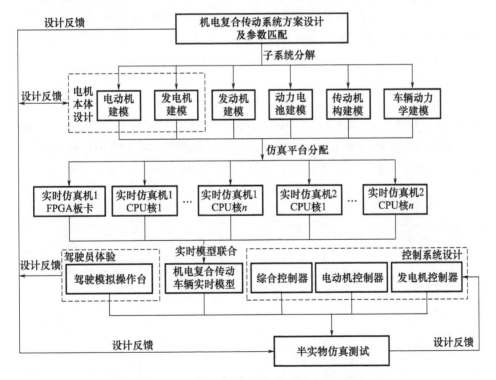

图 8.12　电驱动硬件在回路试验平台原理

模拟量信号、数字量信号、通信总线等渠道将被测整车控制器、电动机控制器、发电机控制器等与仿真平台中的电驱动车辆实时模型连接,并将驾驶模拟操作台接入,实现半实物仿真测试,为电驱动系统构型设计及参数匹配、电动机/发电机本体设计、控制系统设计提供设计反馈,另一方面也可以基于驾驶员的驾驶体验为系统控制策略的设计提供反馈。

8.2.2 硬件在回路转向试验

基于硬件在回路试验系统,通过油门踏板和方向盘配合,进行控制器硬件在回路转向试验,结果如图 8.13 所示。

由图 8.13(a)、图 8.13(c) 和图 8.13(d) 知,车辆起步加速至 28km/h,稍微减速后车速稳定在 22km/h,在 29s 时驾驶员转动方向盘开始第一次转向,到 31s 时车辆开始转向,目标相对转向半径为 8.5,42.5s 时驾驶员转动方向盘回正,45s 时车辆结束转向开始直驶,车辆仿真相对转向半径为 9。方向盘回正后,从 53s 开始踩油门,车辆加速到 44km/h 时,稍微减速后车速稳定在 39km/h,在 70s 时驾驶员转动方向盘开始第二次转向,到 72s 时车辆开始转向,目标相对转向半径为 12.5,81s 时驾驶员转动方向盘回正,83s 时车辆结束转向开始直驶,车辆仿真相对转向半径为 13。方向盘回正后,在 90s 开始踩油门,车辆加速到 50km/h,稍微减速后车速稳定在 47km/h,104s 驾驶员转动方向盘开始第三次转向,105s 时车辆开始转向,目标相对转向半径为 21.5,112s 时驾驶员转动方向盘回正,114s 时车辆结束转向开始直驶,车辆仿真转向半径为 22。然后车辆以 47km/h 稳速行驶,从 116s 开始加速,加速到 61km/h,133s 时驾驶员转动方向盘开始第四次转向,136s 时车辆开始转向,目标相对转向半径为 41,在 138s 时驾驶员转动方向盘回正,140s 时车辆结束转向开始直驶,车辆仿真转向半径为 42。

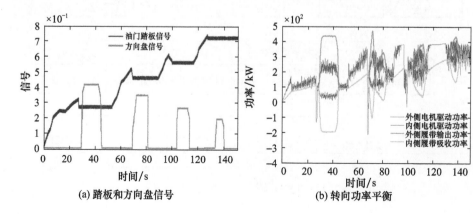

(a) 踏板和方向盘信号　　(b) 转向功率平衡

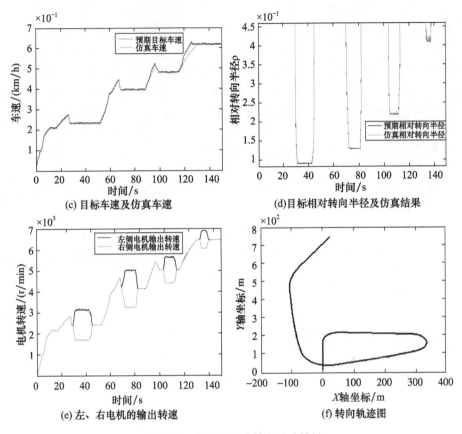

图 8.13 硬件在回路转向试验结果

由仿真结果可以得出以下结论。

(1) 从图 8.13(b) 可以看出，对于双电机耦合驱动车辆，功率耦合机构的作用，使转向再生功率由内侧履带传递到外侧履带，降低了驱动电机的需求功率；

(2) 从四次转向仿真结果来看，本文提出的双电机耦合驱动转向控制策略可以实现车辆在低速、高速下的小半径、中等半径及大半径转向，转向半径误差都不超过5%，实现了车辆转向精确控制。

8.3 考虑履带滑转滑移的转向控制指令修正方法

在履带车辆的实际转向过程中，总是伴随着高速侧履带接地段的滑转和低速侧履带接地段的滑移。传统液力机械综合传动车辆的转向控制是开环的，无法实现较精确的转向轨迹控制。对于电驱动履带车辆，由于电机优良的调速特性,车辆的精确转向控制是有条件实现的。为保证电驱动履带车辆的精确转向,在解算电机控制指令时需要考虑车辆转向过程中履带滑转滑移的影响,以准确实现转向目标。目前,电驱动履带车辆转向控制策略有转速控制策略及转矩控制策略,但是均未考虑履带打滑对转向轨迹控制精度的影响,利用转向半径修正系数及转向角速度修正系数对驱动电机转速控制指令进行修正,可以精确实现电驱动履带车辆的转向目标,以应用于无人履带车辆的转向轨迹精确控制。

8.3.1 转向控制指令修正策略设计

转向半径修正系数 f_ρ、"实际转向半径" ρ 与"理论转向半径" ρ_t 的关系表达式为

$$\rho = f_\rho(\rho_t)\rho_t \tag{8.40}$$

实际转向角速度 ω 与转向角速度修正系数 f_ω、理论转向角速度 ω_t 的关系为

$$\omega = f_\omega \omega_t \tag{8.41}$$

车辆"实际质心速度" V 为

$$V = \omega B \rho = f_\omega f_\rho \omega_t B \rho_t \tag{8.42}$$

车辆"理论质心速度" V_t 为

$$V_t = \omega_t B \rho_t \tag{8.43}$$

当双电机耦合驱动装置驱动电机采用转矩控制时,对转向控制目标进行修正,得到:

$$\rho^* = \frac{\rho^{**}}{f_\rho} \tag{8.44}$$

$$\omega^* = \frac{\omega^{**}}{f_\omega} \tag{8.45}$$

$$v^* = \frac{v^{**}}{f_\omega f_\rho} \tag{8.46}$$

当双电机耦合驱动装置驱动电机采用转速控制时,利用 f_ρ 和 f_ω 实时修正电机目标转速,可以保证实际转向半径和车速跟随转向控制目标。假若不考虑履带滑移滑转,根据运动学分析结果及转向控制目标映射关系,可以得到转向过程电机转速控制指令为

$$R \geqslant 0.5B; \begin{cases} n_1 = \left(1 - \dfrac{1+k_d}{2\rho^*}\right)\dfrac{V^* i_c i_b i_j}{0.377 r_z} \\ n_2 = \left(1 + \dfrac{1+k_d}{2\rho^*}\right)\dfrac{V^* i_c i_b i_j}{0.377 r_z} \end{cases} \tag{8.47}$$

但考虑到履带的滑转滑移,这组目标转速指令并不能保证精确实现转向控

制目标,必须针对履带打滑来加以修正。

当不考虑履带滑动时,要达到实际转向半径 ρ,则两侧电机转速 n_1、n_2 应当满足:

$$\rho = \frac{(1+k_d)}{2}\frac{n_2+n_1}{n_2-n_1} \tag{8.48}$$

当考虑履带滑动时,实际转向半径和理论转向半径有如下关系:

$$\rho = f_\rho(\rho_t)\rho_t \tag{8.49}$$

要达到实际转向半径 ρ,则两侧电机转速 n'_1、n'_2 应当满足:

$$\rho = f_\rho \frac{(1+k_d)}{2}\frac{n'_2+n'_1}{n'_2-n'_1} \tag{8.50}$$

当不考虑履带滑动时,要达到实际转向角速度 ω,则两侧电机转速 n_1、n_2 应当满足:

$$\omega = \frac{r\pi(n_2-n_1)}{30B(1+k_d)i} \tag{8.51}$$

当考虑履带滑动时,实际转向角速度和理论转向角速度有如下关系:

$$\omega = f_\omega \omega_t \tag{8.52}$$

要达到实际转向角速度 ω,则两侧电机转速 n'_1、n'_2 应当满足:

$$\omega = f_\omega \frac{r\pi(n'_2-n'_1)}{30B(1+k_d)i} \tag{8.53}$$

由此需要考虑滑动前后电机转速的相互关系:

$$\begin{cases} \dfrac{n_2+n_1}{n_2-n_1} = f_\rho \dfrac{n'_2+n'_1}{n'_2-n'_1} \\ (n_2-n_1) = f_\omega(n'_2-n'_1) \end{cases} \tag{8.54}$$

写成矩阵的形式为

$$\begin{bmatrix} n'_1 \\ n'_2 \end{bmatrix} = \frac{1}{2f_\omega}\begin{bmatrix} 1+1/f_\rho & -1+1/f_\rho \\ -1+1/f_\rho & 1+1/f_\rho \end{bmatrix}\begin{bmatrix} n_1 \\ n_2 \end{bmatrix} = \boldsymbol{\xi}\begin{bmatrix} n_1 \\ n_2 \end{bmatrix} \tag{8.55}$$

实际上,n'_1、n'_2 为考虑履带滑动后实际需要的电机转速,n_1、n_2 为不考虑履带滑动时的电机转速。

因此,考虑履带滑动后对原来的电机转速控制指令进行修正,修正系数矩阵 $\boldsymbol{\xi}$ 为

$$\boldsymbol{\xi} = \frac{1}{2f_\omega}\begin{bmatrix} 1+1/f_\rho & -1+1/f_\rho \\ -1+1/f_\rho & 1+1/f_\rho \end{bmatrix} \tag{8.56}$$

特别地,当进行中心转向时,由于可精确控制两侧电机的转速,使其大小相等,方向相反,可准确的控制转向半径为零,因此,令 $f_\rho=1$,修正系数矩阵 $\boldsymbol{\xi}$ 为

$$\boldsymbol{\xi} = \frac{1}{f_\omega} \begin{bmatrix} 1 & 0 \\ 0 & 1 \end{bmatrix} \tag{8.57}$$

进行转速限幅后可得：

$$n_{1\mathrm{con}} = \begin{cases} n_1, & |n_1| \leqslant n_{\max} \\ n_{\max} * \mathrm{sign}(n_1), & |n_1| > n_{\max} \end{cases} \tag{8.58}$$

$$n_{2\mathrm{con}} = \begin{cases} n_2, & |n_2| \leqslant n_{\max} \\ n_{\max} * \mathrm{sign}(n_2), & |n_2| > n_{\max} \end{cases} \tag{8.59}$$

8.3.2 转向控制指令修正策略仿真

将转向半径修正系数与转向角速度修正系数与理论转向半径之间的关系写入控制程序，在车辆转向过程中，通过电机转速计算车辆理论转向半径，通过查表得到转向半径修正系数与转向角速度修正系数，对电机转速控制指令进行修正，精确实现目标转向半径。

分别采用不考虑履带滑转滑移的转向控制策略和考虑履带滑转滑移的转向控制策略进行仿真，对比分析两种情况的仿真结果。仿真路面设定为水泥路面，控制模型中采用的转向半径修正系数及转向角速度修正系数与理论相对转向半径之间的关系曲线如图8.14所示。

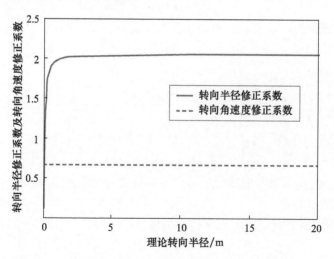

图8.14 水泥路面转向半径修正系数及转向角速度修正系数

图8.15为不考虑及考虑履带滑转滑移时的转向控制策略的仿真结果对比。两次仿真采用相同的操纵信号，如图8.15(a)所示。

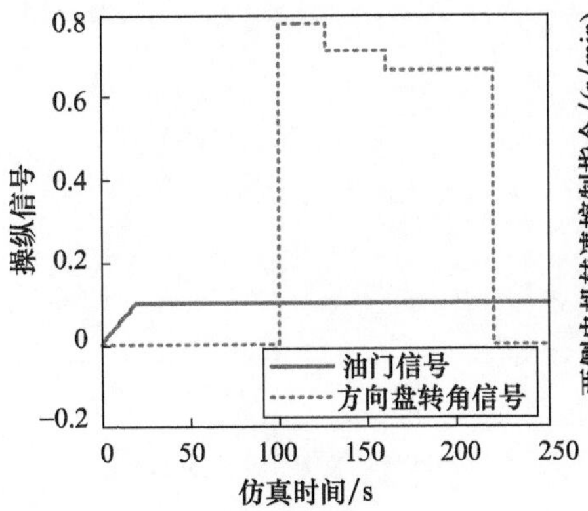

(a) 操纵信号

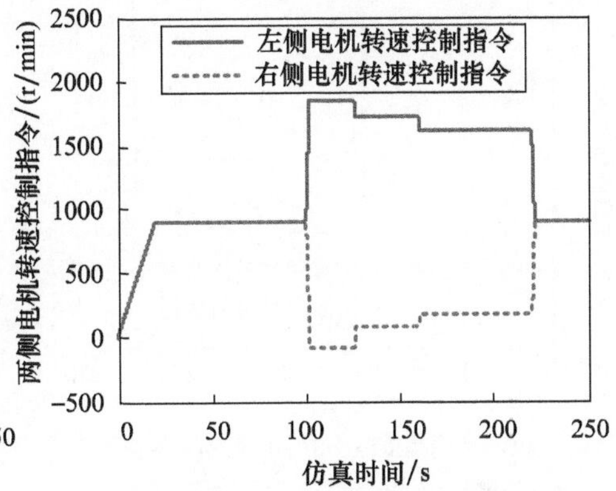

(b) 不考虑履带滑转滑移时的电机转速控制指令

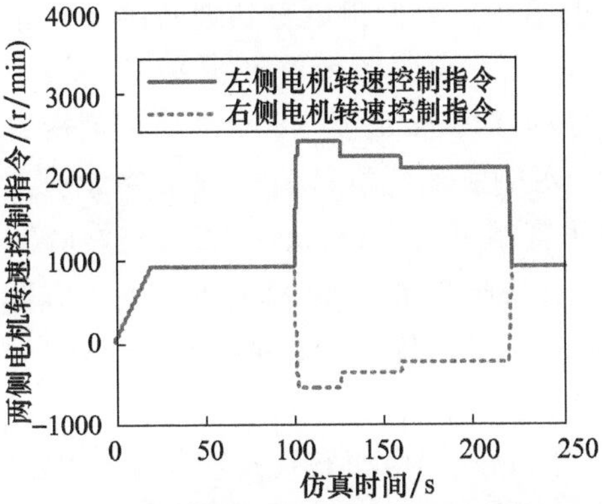

(c) 考虑履带滑转滑移时的电机转速控制指令

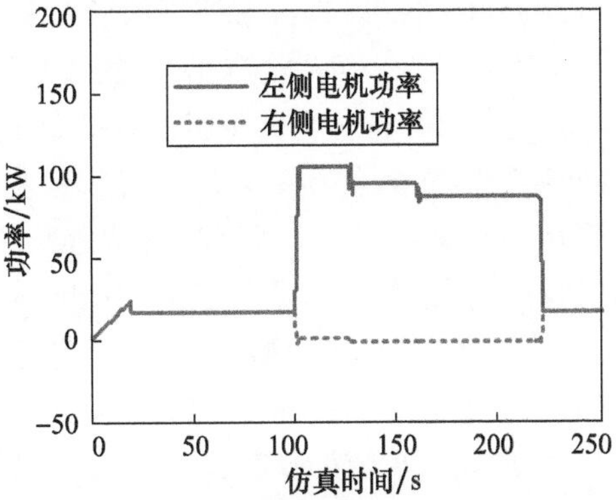

(d) 不考虑履带滑转滑移时的电机输出功率

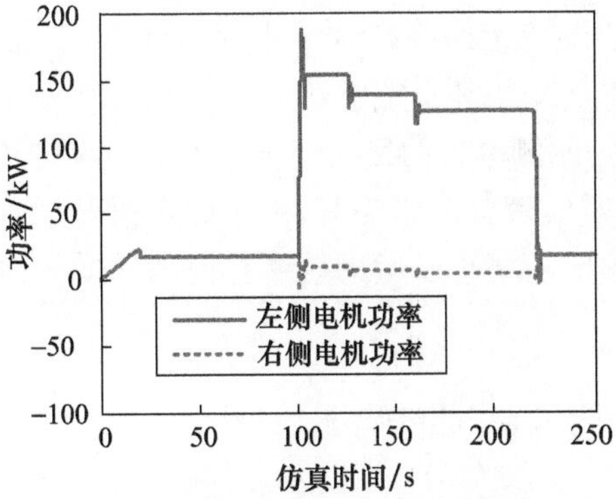

(e) 考虑履带滑转滑移时的两侧电机输出功率

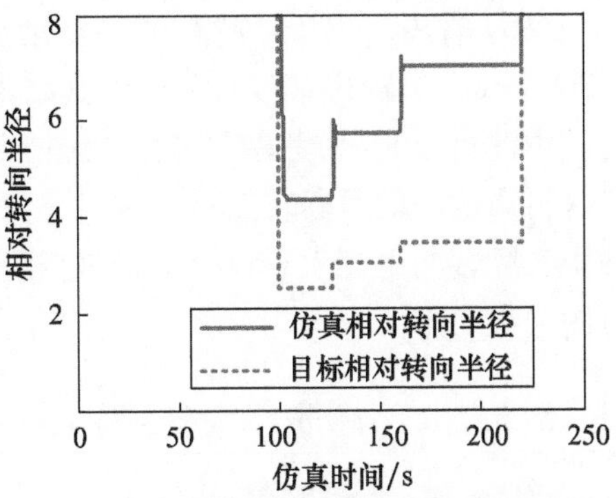

(f) 不考虑履带滑转滑移时的相对转向半径

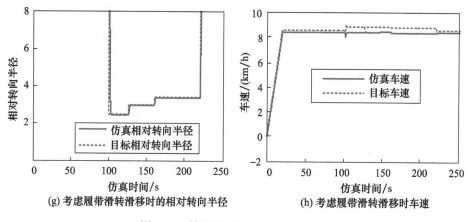

(g) 考虑履带滑转滑移时的相对转向半径　　(h) 考虑履带滑转滑移时车速

图 8.15　转向控制策略对比仿真结果

由图 8.15 可知,考虑履带滑转滑移时,0~100s,两侧电机转速控制指令相同,车辆直驶;在 21s 左右车速达到 8.5km/h;不考虑履带滑转滑移时,100~126s,左右两侧驱动电机转速控制指令分别为 1846r/min 及 -80r/min,车辆相对转向半径仿真结果为 4.3;126~160s,左右两侧驱动电机转速控制指令分别为 1720r/min 及 80r/min,车辆相对转向半径仿真结果为 5.6;160~220s,左右两侧驱动电机转速控制指令分别为 1620r/min 及 180r/min,车辆相对转向半径仿真结果为 7.0。由此可以看出,由于没有考虑转向过程履带打滑的影响,车辆相对转向半径无法达到目标相对转向半径。

考虑履带滑转滑移时,100~126s,左右两侧驱动电机转速控制指令分别为 2420r/min 及 -562r/min,车辆相对转向半径仿真结果为 2.5;126~160s,左右两侧驱动电机转速控制指令分别为 2237r/min 及 -378r/min,车辆相对转向半径仿真结果为 3;160~220s,左右两侧驱动电机转速控制指令分别为 2100r/min 及 -260r/min,车辆相对转向半径仿真结果为 3.4,基本能够达到目标相对转向半径。由此可以看出,考虑履带打滑影响后,两侧电机的目标转速差大于不考虑履带打滑影响时的目标转速差。并且不考虑履带打滑影响时,由于履带滑转滑移使得实际转向半径大于目标半径,电机输出功率小于考虑履带打滑的转向控制时的输出功率。

8.3.3　考虑履带滑转滑移的转向控制试验验证

进行水泥路面转向试验,对考虑履带滑转滑移的转向控制策略进行试验验证。图 8.16 所示为转向控制策略试验场地,在图中红色圆圈所示的区域内进行转向,通过总线记录仪对总线网络数据进行采集保存。

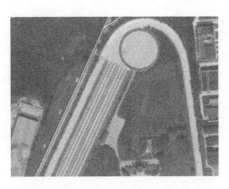

图 8.16 转向控制策略试验场地

目标转向半径为 48m，目标相对半径 $\rho^* = 18$，根据转向控制目标映射规则，方向盘转角归一化值 $S_s = 0.29$，即方向盘向右转至右侧最大行程的 1/3 处左右。由于在驾驶员实际操纵中方向盘不可能与目标值完全吻合，只能尽量接近，并且在试验中要求驾驶员在不出现危险的情况下，将方向盘转至目标位置后便不允许再转动，以验证本文提出的考虑履带滑转滑移的转向控制策略。目标车速定为 $v^* = 40$km/h，驾驶员可以根据仪表盘上显示的车速调节油门踏板开度。

8.3.3.1 试验 1：采用不考虑履带滑转滑移的转向控制策略

图 8.17 所示为进行转向试验的结果。图 8.17(a) 为驾驶员按照要求给出的转向操纵信号，油门踏板开度维持在 0.52 左右，从 13s 开始驾驶员开始缓慢向右转动方向盘，在 28s 左右方向盘转至右侧最大行程的 1/3 处左右。如图 8.17(e) 所示，实际相对转向半径约 $\rho = 37$，可以看出由于未考虑履带滑转滑移的影响，实际半径值约为目标值的 2.1 倍，车辆转向半径的控制偏差为 105%。

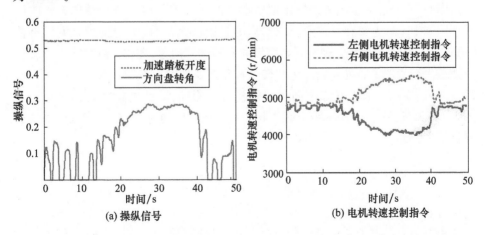

(a) 操纵信号　　(b) 电机转速控制指令

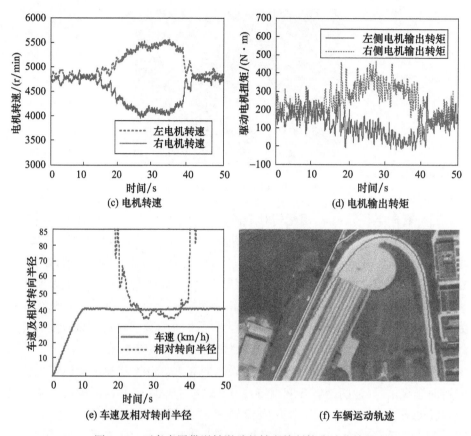

图 8.17　不考虑履带滑转滑移的转向控制策略试验结果

8.3.3.2　试验 2：采用考虑履带滑转滑移的转向控制策略

图 8.18 所示为采用考虑履带滑转滑移的转向控制策略进行转向试验的结果。图 8.18(a)为驾驶员按照要求给出的转向操纵信号，油门踏板开度维持在 0.55 左右，从 15s 开始驾驶员开始缓慢向右转动方向盘，在 30s 左右方向盘转至右侧最大行程的 1/3 处左右。电机转速控制指令如图 8.18(b)所示，对比试验 1 的结果可以看出，由于考虑了履带滑转滑移的影响，两侧电机转速差增大。如图 8.18(e)所示，转向基本稳定时实际相对转向半径约为 19，实际半径值基本达到目标值，最终转向半径的控制偏差为 5.6%。

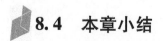

8.4　本章小结

本章主要进行了高速电驱履带车辆转向控制策略的设计及验证，主要工作

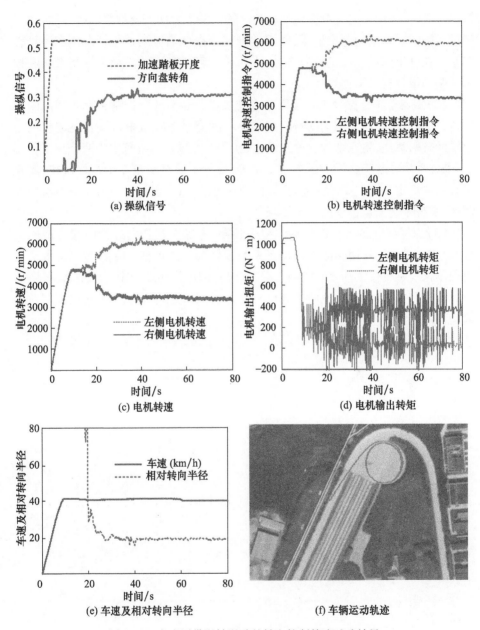

图 8.18 考虑履带滑转滑移的转向控制策略试验结果

如下。

(1)采用动力学仿真计算和数值分析的方法开展了高速履带车辆的转向稳定性研究,通过仿真计算履带车辆在各种地面环境以及转向输入条件下的转向输出响应特性,通过对各响应输出特性与输入参数之间变化规律的研究,提出了履带车辆转向稳定的判定依据,并根据判定依据计算得到了履带车辆在各种转向输入条件下的最小稳定转向半径,为履带车辆的高速转向稳定控制方法和控制策略的设计提供依据。

(2)提出了考虑路面附着极限的驾驶操纵信号与转向控制目标之间的映射规则,根据双电机耦合驱动的特点提出了一种履带车辆双电机耦合驱动转向动力学的解耦算法,将原来的双输入双输出、非线性耦合系统解耦为两个易于控制的 SISO 系统。基于解耦所得车速子系统,设计了稳健滑模变结构控制律,实现了车速的稳定控制;基于解耦所得转向角速度子系统,设计了自适应模糊滑模控制律,实现了转向角速度的稳定控制。

(3)为保证电驱动履带车辆的精确转向,考虑车辆转向过程中履带滑转滑移的影响,提出了利用转向半径修正系数及转向角速度修正系数对驱动电机转速控制指令进行修正的控制策略。最后,通过双电机驱动履带车辆仿真,证明所设计的控制律,能够有效地调节电机驱动转矩,驱动履带车辆实现转向期望轨迹的精确跟踪。

参考文献

[1] 盖江涛. 履带车辆双电机耦合驱动技术研究[D]. 湖南:湖南大学,2015.

[2] MERHOF W, Hackbarth E M. 履带车辆行驶力学[M]. 韩雪海,等译. 北京:国防工业出版社,1989.

[3] WONG J Y. Theory of ground vehicles [M]. 3rd edition. New York:John Wiley & Sons Inc, 2001.

[4] WONG J Y, THOMAS J P. On the characterization of the shear stress – displacement relation of terrain[J]. Journal of Terramechanics, 1983,19(4):225 – 234.

[5] WONG J Y, HUANG W. "Wheels vs. tracks" – A fundamental evaluation from the traction perspective[J]. Journal of Terramechanics, 2006,43(1):27 – 42.

[6] HAYASHI I. Practical analysis of tracked vehicle steering depending on longitudinal track slippage [J]. Transactions of the Japan Society of Mechanical Engineers, 1975, 41(352):3470 – 3482.

[7] EHLERT W, HUG B, SCHMID I C. Field measurements and analytical models as a basis of test stand simulation of the turning resistance of tracked vehicle [J]. Journal of Terramechanics,1992,29(1):57 – 69.

[8] 宋振家. 坚实地面上均布载荷时的履带车辆转向理论[J]. 兵工学报(坦克装甲车与发动机分册),1981(04):3 – 12.

[9] 魏宸官,履带车辆转向问题的研究[J]. 拖拉机与运输车辆,1980(1):19 – 37.

[10] 宋振家. 摩擦型地面履带车辆转向性能分析及实验[J]. 装甲兵工程学院学报,1987(1):5 – 10.

[11] ANH T L. Estimation of track – soil interactions for autonomous tracked vehicles[C]// Proceedings of International Conference on Robotics and Automation, Albuquerque, New Mexico, USA. New York:IEEE, 1997:1388 – 1393.

[12] MARSILI A, SERVADIO P. Compaction effects of rubber or metal – tracked tractor passes on agricultural soil [J]. Soil & Tillage Research,1996,37(1):37 – 45.

[13] KITANO M, JYORZAKI H. A theoretical analysis of steerability of tracked vehicles[J]. Journal of Terramechanics, 1976,13(4):241 – 258.

[14] KITANO M, KUMA M. An analysis of horizontal plane motion of tracked vehicles[J]. Journal of Terramechanics, 1977, 14(4):211 – 225.

[15] KITANO M, KUMA M. Analysis of non – stationary motion of tracked vehicle [J]. Transac-

tion of JASE, 1977, 13 (1): 110 – 120.

[16] KITANO M, JYOZAICI H. Study on steerability of tracked vehicles (part 1) track skid and turning radius[J]. Transaction of JSAE, 1975, 9: 51 – 57.

[17] KITANO M, KUMA M, KINO A. Study on steerability of tracked vehicles (part 2) effects of center of gravity on steerability[J]. Transaction of JSAE, 1975,10: 54 – 60.

[18] KITANO M, KUMA M, KINO A. Study on steerability of tracked vehicles (part 3) on effects of track friction[J]. Transaction of JSAE, 1976,11: 64 – 70.

[19] KITANO M, KIMURA S, JYOZAICI H. Study on steerability of tracked vehicles (part 5) steerability effects of width track shoes[J]. Transaction of JSAE, 1979,17: 70 – 77.

[20] WONG J Y. Computer – aided methods for the optimization of the mobility of single – unit and two – unit articulated tracked vehicles [J]. Journal of Terramechanics, 1992,29(2): 395 – 421.

[21] KAR M K. Prediction of track forces in skid – steering of military tracked vehicles [J]. Journal of Terramechanics, 1987, 24 (1): 75 – 86.

[22] WONG J Y, CHIANG C F. A general theory for skid – steering of tracked vehicles on firm ground[J]. Journal of Automobile Engineering, 2001,215(3): 343 – 355.

[23] MILLI S A, ALTHOEFER K, SENEVIRATNE L D. Maneuverability performance of tracked vehicles on soft terrains[C]// Proceedings of international conference on intelligent robots and systems, Nice, France. New York: IEEE, 2008: 107 – 112.

[24] MILLI S A, ALTHOEFER K, SENEVIRATNE L D. Track – terrain modelling and traversability prediction for tracked vehicles on soft terrain [J]. Journal of Terramechanics, 2010, 47(2): 151 – 160.

[25] MACLAURIN B. A skid steering model with track pad flexibility [J]. Journal of Terramechanics, 2007, 44(1): 95 – 110.

[26] MACLAURIN B. A skid steering model using the magic formula [J]. Journal of Terramechanics, 2011, 48(2): 247 – 263.

[27] MURAKAMI H, WATANBAE K, KITANO M. A mathematical model for spatial motion of tracked vehicles on soft ground [J]. Journal of Terramechanics,1992,29(1):71 – 81.

[28] WATANBAE K, KITANO M. Study on steerability of articulated tracked venires part1 theorytical and experimental analysis[J]. Journal of Terramechanics,1986,23(2):45 – 50.

[29] GARBER M, WONG J Y. Prediction of ground pressure distribution under tracked vehicles – II. effects of design parameters of the track – suspension system on ground pressure distribution [J]. Journal of Terramechanics,1981,18(2):71 – 79.

[30] GARBER M, WONG J Y. Prediction of ground pressure distribution under tracked vehicles – I. An analytical method for prediction ground pressure distribution [J]. Journal of Terramechanics, 1981,18(1):1 – 23.

[31] MARSILI A, SERVADIO P. Changes of some physical properties of a clay soil following pas-

sage of rubber and metal – tracked tractors[J]. Soil & Tillage Research, 1998, 49(3): 185 – 199.

[32] BODIN A. Development of a tracked vehicle to study the influence of vehicle parameters on tractive performance in soft terrain [J]. Journal of Terramechanics, 1999, 36(3): 167 – 181.

[33] AHMADI M. Path tracking control of tracked vehicles[C]// Proceedings of international conference on robotics and automation, San Francisco. New York: IEEE, 2000: 2938 – 2943.

[34] 庄继德. 描述松软地面剪切特性的模型及参数的确定[J]. 吉林工业大学学报, 1999(3):1 – 5.

[35] BEKKER M G. 陆用车辆行驶原理[M]. 孙凯南,译. 北京:中国工业出版社,1962.

[36] BEKKER M G. 地面—车辆系统导论[M]. 地面车辆系统导论翻译组,译. 北京:机械工业出版社,1978.

[37] 程军伟,高连华,王红岩. 基于打滑条件下的履带车辆转向分析[J]. 机械工程学报,2006:增刊(42):192 – 195.

[38] 程军伟,高连华,王红岩,等. 履带车辆转向分析[J]. 兵工学报,2007,28(9):1110 – 1115.

[39] 程军伟,高连华,王良曦. 履带车辆转向过程循环功率分析[J]. 装甲兵工程学院学报,2006,20(3):44 – 47.

[40] 宋海军,高连华,李军,等. 履带车辆转向功率分析[J]. 车辆与动力技术,2007(1):45 – 48.

[41] 刘修骥. 传动系统分析[M]. 北京:国防工业出版社,1998.

[42] 汪明德,赵毓芹,祝嘉光. 坦克行驶原理[M]. 北京:国防工业出版社,1983.

[43] 刘春光. 基于多平台联合的电传动车辆建模与仿真研究[D]. 北京:装甲兵工程学院,2008.

[44] OGORKIEWICZ R M,史秀玲. 法国的电传动研究[J]. 国外坦克,1994(5):33 – 35.

[45] 野木惠一,徐志伟. 全电坦克的来龙去脉[J]. 国外坦克,1997(5):1 – 8.

[46] 颜南明,马晓军,臧克茂. 履带车辆电传动技术初探[J]. 兵工学报,2004,25(9):619 – 623.

[47] 廖自力,马晓军,臧克茂,等. 履带车辆电传动方案比较分析[J]. 兵工学报,2006,27(4):583 – 586.

[48] 盖江涛,李慎龙,周广明,等. 一种履带车辆机电复合传动装置:CN101985279A[P]. 2011 – 11 – 02.

[49] 闫清东,张连第,赵毓芹,等. 坦克构造与设计(下册)[M]. 北京:北京理工大学出版社,2007.

[50] 颜南明,李年裕,尚颖辉. 军用履带车辆电传动匹配计算[J]. 装甲兵工程学院学报,2009,23(2):58 – 60.

[51] 韩政达,毛明,马晓枫,等. 车辆双电机耦合驱动耦合机构数学特征的研究[J]. 车辆与动力技术,2012(1):1 – 2.

[52] 盖江涛,黄守道,周广明,等. 双侧电机驱动的功率耦合机构传动方案设计方法[J].

中国机械工程,2014,25(1):1739-1743.

[53] 程军伟,高连华,王红岩,等.履带车辆转向分析[J].兵工学报,2007,28(9):1110-1115.

[54] 刘翼,盖江涛,陈泳丹,等.电传动履带车辆转向自适应控制策略仿真分析[J].车辆与动力技术,2015(1):5-10.

[55] 袁艺,盖江涛,韩政达,等.履带打滑条件下的电驱动车辆转向运动学研究[J].车辆与动力技术,2017(1):6-10.

[56] 袁艺,盖江涛,张欣,等.机电复合传动装置参数匹配优化研究[J].车辆与动力技术,2014(3):19-23.

[57] 王红岩,王钦龙,芮强,等.高速履带车辆转向过程分析与试验验证[J].机械工程学报,2014,50(16):162-172.

[58] MICHAEL R S. Two-mode, compound-split, electro-mechanical, vehicular transmission particularly adapted for track-laying vehicles: USA, US6491599[P]. 2002-10-10.

[59] WILLIAM T R. Controlled differential device: UK, EP1506905 B2[P]. 2010-5-5.

[60] 臧克茂,廖自力,李华.坦克装甲车辆电传动总体技术的研究[J].车辆与动力技术,2007,(1):5-12.

[61] 吴宗文,谭兵.军用履带车辆转向机构发展综述[J].机械工程师,2007(5):16-18.

[62] 孙逢春,张承宁.装甲车辆混合动力电传动技术[M].北京:国防工业出版社,2008.

[63] 邹渊,孙逢春,张承宁.电传动履带车辆双侧驱动转速调节控制策略[J].北京理工大学学报,2007,27(4):303-307.

[64] 鲁连军,孙逢春,翟丽.基于MATLAB SIMULINK的电传动履带车辆转向性能仿真[J].兵工学报,2006,27(1):69-74.

[65] 孙冯春,陈树勇,郭汾.基于转矩控制策略的电传动履带车辆驱动特性研究[J].兵工学报,2007,28(2):129-133.

[66] 陈树勇,孙逢春.电传动履带车辆驱动系统建模与转向特性研究[J].系统仿真学报,2006,18(10):2815-2818.

[67] 邹渊,张承宁,孙逢春,等.电传动履带车辆双侧驱动控制研究[J].北京理工大学学报,2007,27(11):956-959.

[68] 邹渊,孙逢春,张承宁.电传动履带车辆双侧驱动转矩调节控制策略[J].兵工学报,2007,28(12):1409-1414.

[69] 汤久望,刘维平,刘德刚,等.电传动履带车辆系统建模及加速性能仿真[J].系统仿真学报,2006,18(5):1350-1352.

[70] 鲁连军,孙逢春,谷中丽.电传动履带车辆转向行驶性能仿真分析[J].计算机仿真,2004,21(11):211-213.

[71] 王双双,张豫南,张朋,等.电传动履带式装甲车辆动力学建模与仿真[J].计算机仿真,2009,26(3):21-25.

[72] 李波,张承宁,李军求.基于RecurDyn和Simulink的电传动车辆转矩控制策略[J].农业机械学报,2009,40(7):1-5.

[73] 刘惟信. 机械最优化设计[M]. 2版. 北京:清华大学出版社,1994.
[74] 文孝霞,杜子学. 基于遗传算法的汽车动力传动系匹配设计变量优化[J]. 重庆交通学院学报,2005,24(2):128-130.
[75] 曹磊. 电驱动履带车辆纯电传动模式下的动力驱动匹配与控制[D]. 北京:北京理工大学,2009.
[76] 盖江涛,黄守道,周广明,等. 双电机耦合驱动履带车辆自适应滑模转向控制[J]. 兵工学报,2015,36(3):405-411.
[77] 盖江涛,刘春生,马长军,等. 考虑履带滑转滑移的电驱动车辆转向控制策略研究[J]. 兵工学报,2021,42(10):2092-2101.

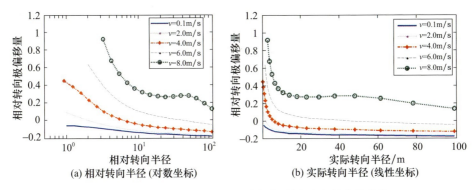

图 3.2 相对转向极偏移量 a_3 随车速、转向半径的变化曲线

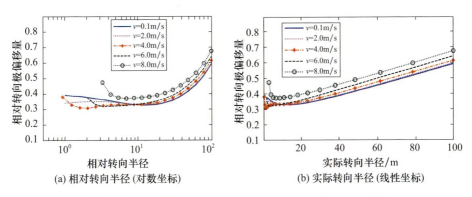

图 3.3 相对转向极偏移量 a_2 随车速、转向半径的变化曲线

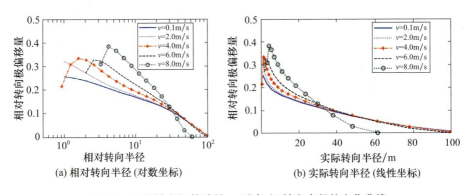

图 3.4 相对转向极偏移量 a_1 随车速、转向半径的变化曲线

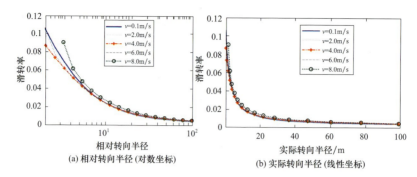

图 3.5 高速履带滑转率 δ_2 随转向半径、车速的变化规律曲线

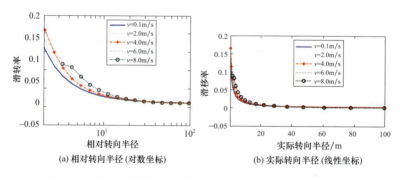

图 3.6 低速履带滑移率 δ_1 随转向半径、车速的变化规律曲线

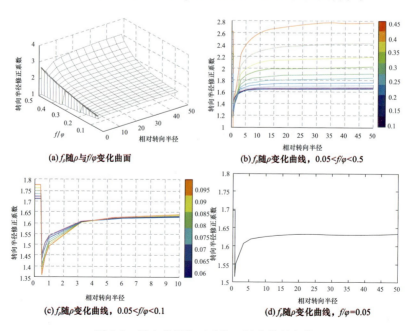

图 3.7 转向半径修正系数 f_ρ 随参数的变化

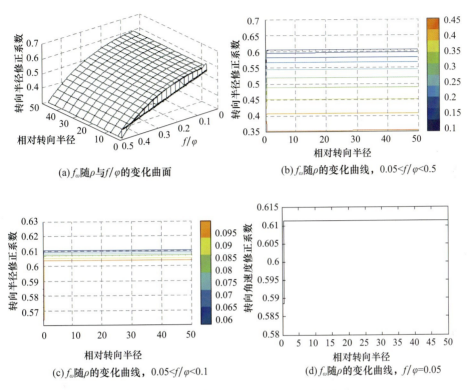

图 3.8 转向角速度修正系数 f_ω 随参数的变化

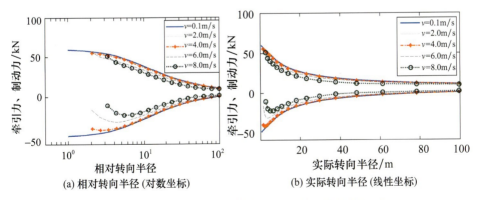

图 3.9 履带的牵引力、制动力随转向半径、车速的变化规律曲线

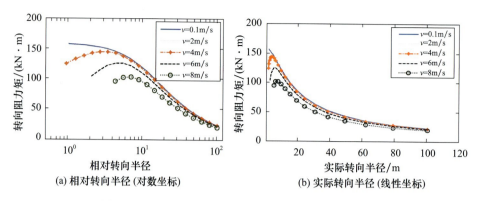

图 3.10 转向阻力矩随转向半径、车速的变化规律曲线

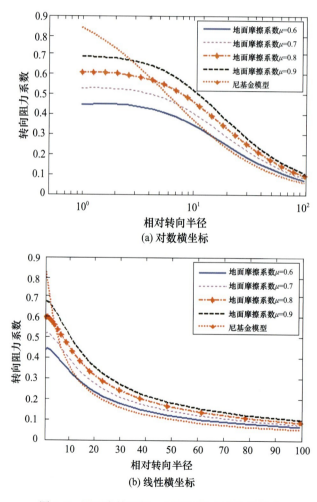

图 4.5 地面摩擦系数 μ 对转向阻力系数的影响

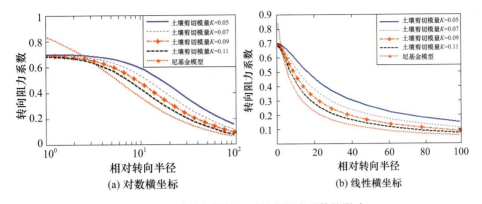

图 4.6 土壤剪切模量 K 对转向阻力系数的影响

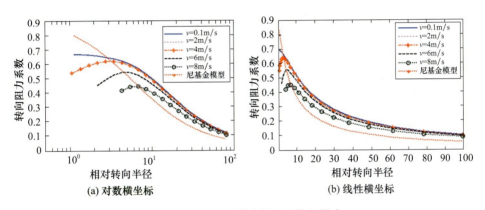

图 4.7 车速 V 对转向阻力系数的影响

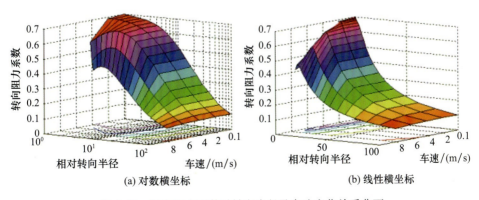

图 4.13 转向阻力系数随转向半径及车速变化关系曲面

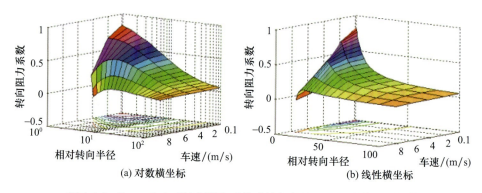

图 4.14 $K_e = -0.4$ 时转向阻力系数随转向半径及车速变化关系曲面

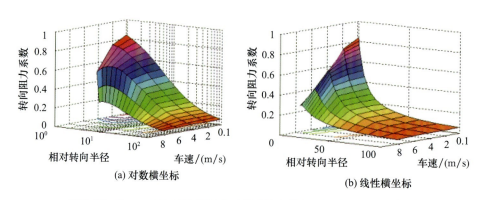

图 4.15 $K_e = -0.2$ 时转向阻力系数随转向半径及车速变化关系曲面

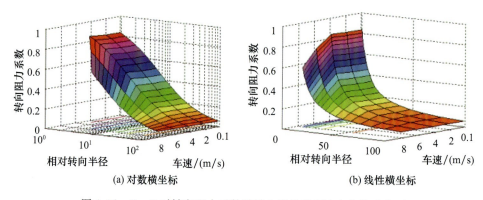

图 4.16 $K_e = 0$ 时转向阻力系数随转向半径及车速变化关系曲面

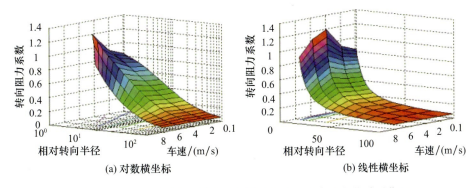

图 4.17 $K_e = 0.2$ 时转向阻力系数随转向半径及车速变化关系曲面

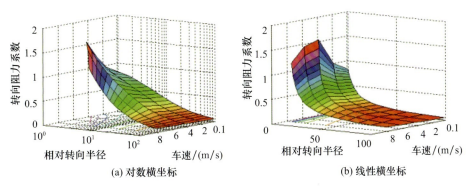

图 4.18 $K_e = 0.4$ 时转向阻力系数随转向半径及车速变化关系曲面

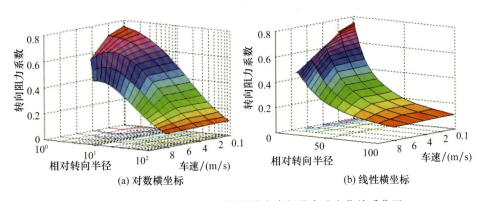

图 4.19 修正后转向阻力系数随转向半径及车速变化关系曲面

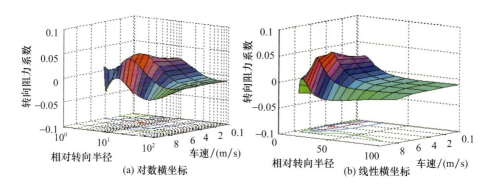

图 4.20 修正后的误差曲面

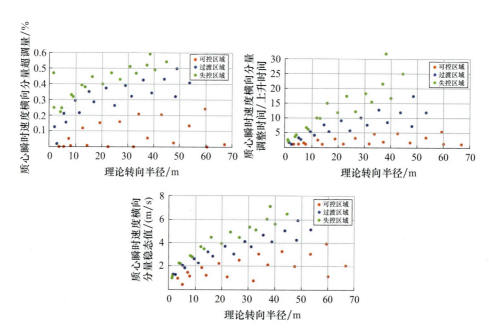

图 5.19 质心瞬时速度横向分量各指标随转向半径的散点分布图(良好附着)

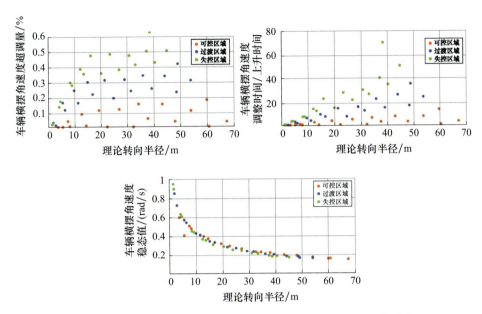

图 5.20　车辆横摆角速度各指标随转向半径的散点分布图（良好附着）

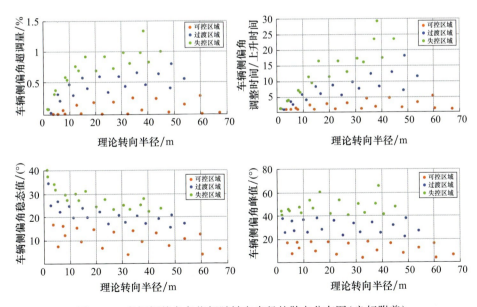

图 5.21　车辆侧偏角各指标随转向半径的散点分布图（良好附着）

彩插 9

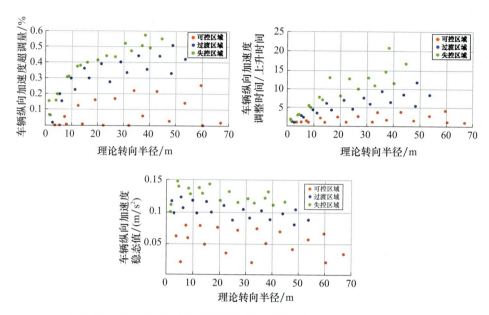

图 5.22 车辆纵向加速度各指标随转向半径的散点分布图(良好附着)

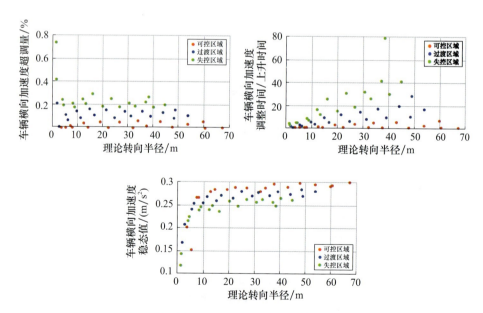

图 5.23 车辆横向加速度各指标随转向半径的散点分布图(良好附着)

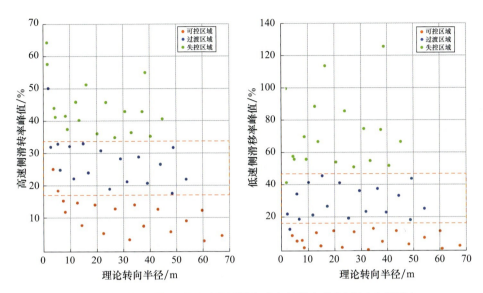

图 5.24 两侧履带滑转滑移率随转向半径的散点分布图(良好附着)

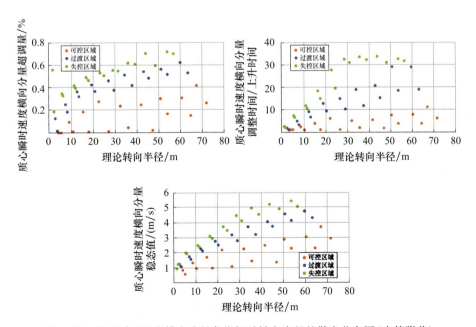

图 5.25 质心瞬时速度横向分量各指标随转向半径的散点分布图(中等附着)

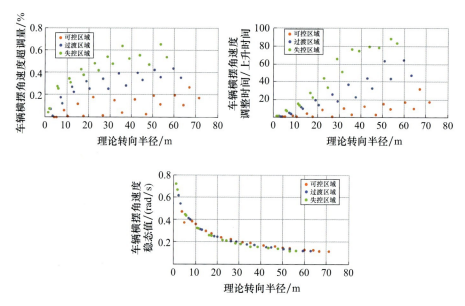

图 5.26 车辆横摆角速度各指标随转向半径的散点分布图(中等附着)

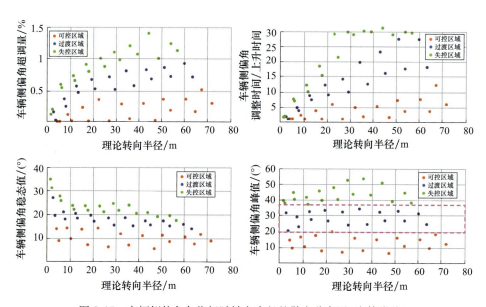

图 5.27 车辆侧偏角各指标随转向半径的散点分布图(中等附着)

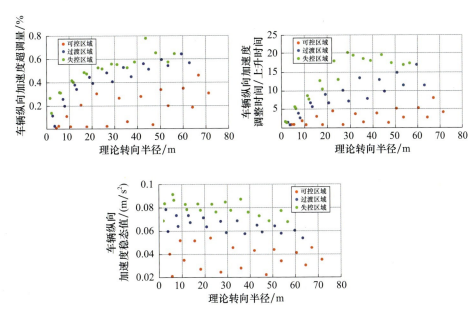

图 5.28 车辆纵向加速度各指标随转向半径的散点分布图(中等附着)

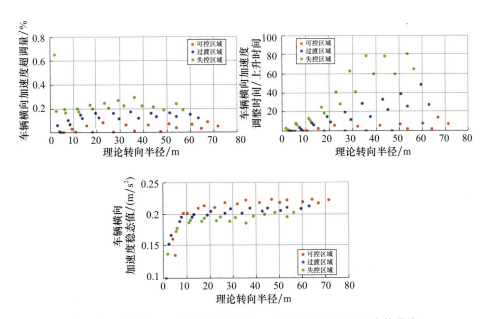

图 5.29 车辆横向加速度各指标随转向半径的散点分布图(中等附着)

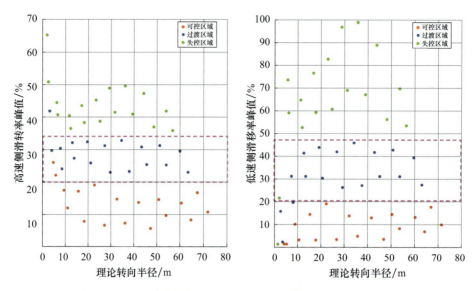

图 5.30 两侧履带滑转滑移率随转向半径的散点分布图(中等附着)

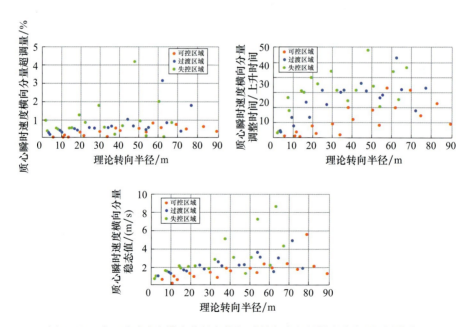

图 5.31 质心瞬时速度横向分量各指标随转向半径的散点分布图(低附着)

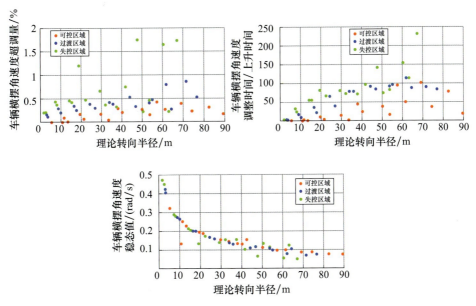

图 5.32 车辆横摆角速度各指标随转向半径的散点分布图(低附着)

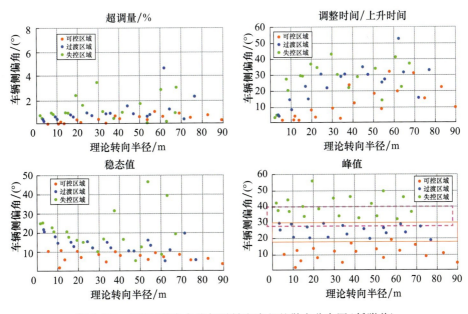

图 5.33 车辆侧偏角各指标随转向半径的散点分布图(低附着)

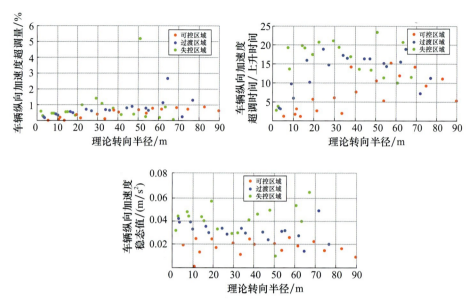

图 5.34 车辆纵向加速度各指标随转向半径的散点分布图(低附着)

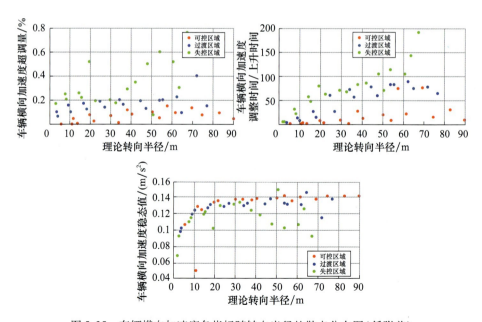

图 5.35 车辆横向加速度各指标随转向半径的散点分布图(低附着)

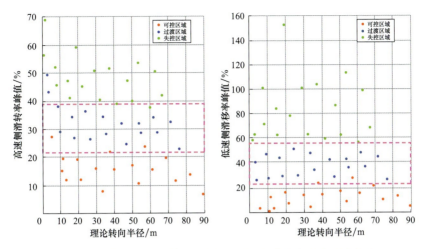

图 5.36 两侧履带滑转滑移率随转向半径的散点分布图(低附着)

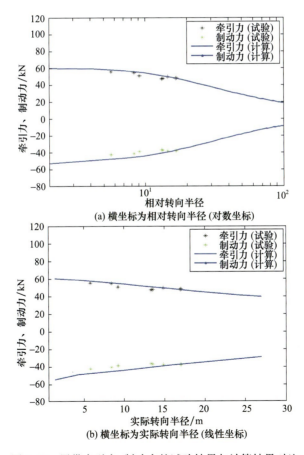

(a) 横坐标为相对转向半径(对数坐标)

(b) 横坐标为实际转向半径(线性坐标)

图 6.30 履带牵引力、制动力的试验结果与计算结果对比

彩插 17

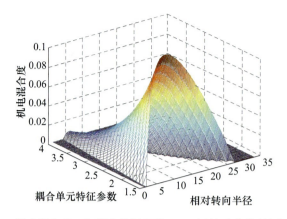

图 7.7 机电混合度 δ 与耦合特征参数 k_d、ρ 间关系曲线(柏油路面)

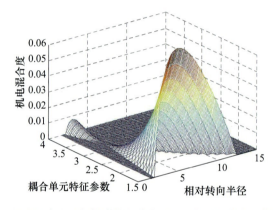

图 7.8 机电混合度 δ 与耦合特征参数 k_d、ρ 间关系曲线(水泥路面)

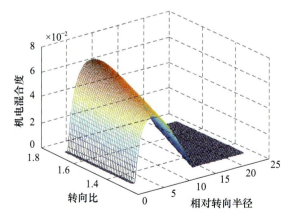

图 7.9 机电混合度 δ 与 ϕ、ρ 间关系曲线(柏油路面)

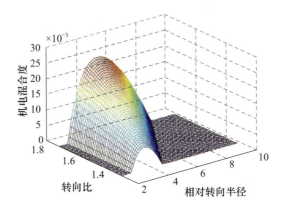

图 7.10 机电混合度 δ 与 ϕ、ρ 间关系曲线（干土路）

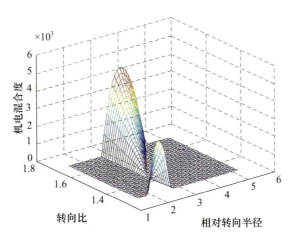

图 7.11 机电混合度 δ 与 ϕ、ρ 间关系曲线（水稻田）

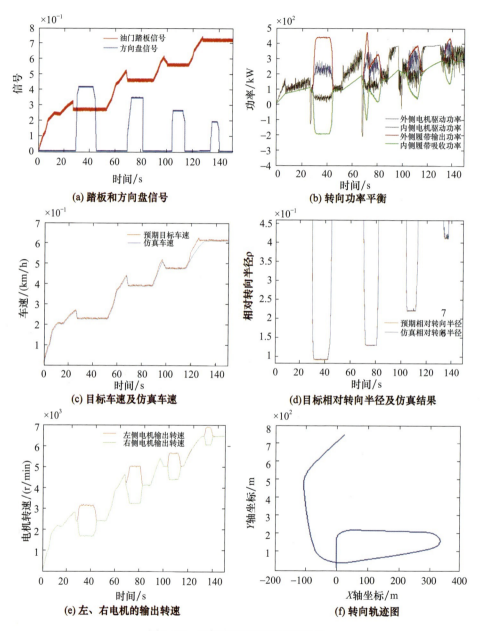

图 8.13 硬件在回路转向试验结果